教育部人文社会科学研究规划基金项目
江苏高校优势学科建设工程资助项目

诺贝尔科学奖成果的方法论研究

曹　伟◎著

科学出版社
北　京

图书在版编目（CIP）数据

诺贝尔科学奖成果的方法论研究／曹伟著. —北京：科学出版社，2014.11

ISBN 978-7-03-042200-2

Ⅰ.①诺… Ⅱ.①曹… Ⅲ. ①诺贝尔奖–研究成果–科学方法论–研究 Ⅳ.①G304

中国版本图书馆 CIP 数据核字(2014)第 242889 号

责任编辑：邹　聪　程　凤／责任校对：胡小洁
责任印制：吴兆东／封面设计：无极书装

科学出版社出版
北京东黄城根北街 16 号
邮政编码：100717
http://www.sciencep.com
北京建宏印刷有限公司印刷
科学出版社发行　各地新华书店经销
*
2014 年 11 月第　一　版　开本：720 × 1000 1/16
2024 年 3 月第八次印刷　印张：10 3/4
字数：197 000

定价：95.00 元

（如有印装质量问题，我社负责调换）

前　言

科学研究是人才辈出、英才汇聚的领域。在笔者看来，那些诺贝尔科学奖获得者也像牛顿一样，是一个个屹立在科学殿堂里的巨人，他们或为我们指点科学的迷津，或为我们展示技术的魔力……百余年来，诺贝尔科学奖的成果使人类社会发生了翻天覆地的变化。只要提到电脑芯片、光纤、GPS 等，人们无不兴奋；若谈起量子力学、黑洞、夸克等，人们又常感叹不已。而这些都是诺贝尔科学奖的成果。

对于诺贝尔科学奖及其成果，国内一些人的认识并不准确。比如，有的人认为，诺贝尔科学奖成果研究难度很大，不是天才人物根本做不了。还有人认为，诺贝尔科学奖只奖励基础研究的理论成果，不包括技术发明。又有人认为，中国的科研条件差，不可能进行诺贝尔科学奖层次的高水平科研工作……这里，我想先告诉读者朋友们一点：诺贝尔科学奖并不是以研究的难度作为评价的标准的。

想成为科学巨人，必须像牛顿那样站在巨人的肩膀上。而实现这一点，首先要了解科学巨人的成果和科研方法。我们发现，诺贝尔科学奖得主都很重视科学方法论的微观层面的探讨和研究，许多成果恰恰是在方法论的微观角度突破后才取得了成功。因此，要想了解诺贝尔科学奖得主成功的秘诀，同时又要站到这些科学巨人的肩膀上，我们也必须从科学方法论的微观层面进行分析和探索。

提起诺贝尔科学奖，中国科学界、教育界人士常常产生一丝莫名的焦虑。因为统计表明，现代世界各国一般在建国 35 年左右就有人获得诺贝尔科学奖，有不少获奖成果甚至是博士论文！这也从一个侧面说明了科学大师钱学森生前有关“中国没有一所能够培养一流创新人才的大学”的论断!

新中国已成立 60 多年，却仍然没有本土培养的科学家获得诺贝尔科学奖。显然，从科学方法论的微观视角对诺贝尔科学奖成果进行探讨，将有助于中国科学家和研究生提高创新能力。当前，中国正在建设创新型国家，客观上要求科研人员具备世界一流的自主创新能力，而分析诺贝尔科学奖得主科研选题的类型和特点、探讨获奖成果研发成功的各种模式类型、研究获奖的重大科学理论建立的具体原则和具体方法、总结诺贝尔奖得主科研创新的特点和规律等，无疑将会加速这一目标的实现。事实上，许多西方学者也是借鉴了其他诺贝尔奖得主研发的模式类型等而取得了重要成果并获诺贝尔科学奖。

本书主要从科学方法论的微观视角分析百余年来的诺贝尔科学奖成果，为了让读者，特别是大学生和研究生能够全面把握微观科学方法论的内容，真正掌握诺贝尔科学奖得主科学研究的方法和技巧，本书体系与传统科学方法论（宏观科学方法论）基本相同，也便于读者进行比较和分析。

本书对自然科学各领域的科研人员，以及在校大学生、研究生均有较高的参考价值，对科学创造学、科学技术史、科学学、科技政策学等领域的研究者亦有启发作用。鉴于笔者的水平和能力有限，本书对有些方法论微观层面问题的探讨还不完善，希望读者能够不吝指教。

目　录

第一章 导 论

百余年来，诺贝尔科学奖成果被举世公认为国际一流的科技成就。这些重大科技成果对现当代社会的经济、政治、军事、教育和文化等诸多方面产生了十分巨大的影响，发挥着独特的作用，并且成为国家竞争力的重要标志，如集成电路、激光、原子钟[全球定位系统（GPS）关键技术]、核磁共振技术（先后有 6 位与此技术相关的科学家获诺贝尔科学奖）。也正出于这一原因，各国学术界对百余年来诺贝尔科学奖成果的研究都十分重视。

百余年来的诺贝尔科学奖成果涵盖了物理学、化学、生理学/医学的所有分支领域，包括重大科学发现、重要理论创新及重大技术发明等（获奖成果中科学发现、理论创新和技术发明各约占 59%、22%、19%）。毫无疑问，这些成果都是一流的重大科研成果，因此，从某种意义上说，它们更具代表性，对其从方法论视角进行分析和研究意义重大，也具有很强的说服力。

正是基于上述考虑，我们才以百余年来的诺贝尔科学奖成果（物理学、化学、生理学/医学三大学科）为对象，从方法论视角对其进行深入、全面的分析和探讨，具体的研究内容涵盖科学方法论的各个环节。

科学始于问题，因此科研选题是科研活动的首要环节，同时它也是决定科研成果价值的重要因素之一。通过大量的案例分析，我们对诺贝尔科学奖得主科研选题的具体类型进行了全面的总结并分析了各自的特点。同时，对于诺贝尔科学奖得主科研选题的基本原则，我们结合每个人的具体研究成果进行了全面的概括。另外，对那些与科研选题密切相关但现有科学方法论体系未做分析的问题，如科学研究的类型（基础研究、应用研究、开发研究）与选题、科技发展的周期与选题、社会因素对选题的影响等也结合诺贝尔科学奖的重大成果进行了分析。

观察方法是获取科学事实、构建科学理论的基本手段。通过案例分析我们发现，诺贝尔科学奖的有关观察的重大科研成果存在明显的成功模式，这种概括有助于丰富方法论的相关内容。同时，我们总结了观察方法的类型和基本原则。对于获得 1979 年诺贝尔生理学/医学奖的重要成果——CT 技术（计算机断层扫描），我们概括并首次提出了"计算机辅助观察方法"，并从方法论视角对"观察渗透理论"与观察的客观性等问题进行了深入探讨和研究。我们也对实验方法的相关问题进行了分析和探索。

诺贝尔科学奖成果虽然分属于各学科中的众多分支领域，但若从研发成功的方式（模式）角度看，却能归纳出不同的模式类型，这些模式类型具有明显的方法论意义。我们对科学实验、技术发明和理论创新领域里各自存在的独特模式进行了概括和研究。每一模式类型中包含几十项以上的获奖成果。这样，许多不同学科的成果就能归入同一模式。显然，此种模式类型的方法论意义很大。事实上，许多西方科学家也是借鉴了其他诺贝尔科学奖得主成功的模式类型后，取得了重要成果并获诺贝尔科学奖，有的领域还出现反复借鉴某种模式类型而连续获奖的例证，如物理学的谱学领域，X 射线谱学（瑞典卡·西格班）、电子束谱学（瑞典凯·西格班）、激光谱学（美国布隆伯格等）、中子束谱学（加拿大布罗克豪斯等），就分别获得了 1924 年、1981 年、1981 年和 1994 年诺贝尔物理学奖（其中卡·西格班和凯·西格班是父子关系）。

应该注意的是，这里的模式类型是从获奖成果最终研发成功的路径角度进行的分析，这样许多不同学科的成果就能归入同一模式类型。这种模式好比古诗词中的词牌格式，每种词牌下可包括许多内容相异的诗词。显然，此种模式类型的研究也具有方法论的作用。例如，技术发明领域的模式类型之一：新的技术发明使原有的技术方案成功实现，进而促使重大创新，如全息照相术（获 1971 年诺贝尔物理学奖），起初由于普通光的单色性和相干性较差，全息照相术的效果很不理想。1960 年，激光发明后，全息照相术拍出的效果才十分清晰。

诺贝尔科学奖的众多成果，从方法论视角可以归纳总结出它们研发成功的各种客观存在的模式类型。这些模式类型各具特点，在科研实践中具有重大借鉴价值和意义。显然，这些模式类型的划分使得百余年诺贝尔科学奖的成果从方法论角度实现了条理化，对具体的科研工作具有参考价值，对培养创新型人才也有启示作用。

百余年诺贝尔科学奖的一些成果（方法）具有重要的方法论意义。诺贝尔科学奖成果虽然众多，但从方法论角度看，可归结为三大类。第一类成果是独特的发现、知识、发明等，它们扩大了人们的视野，但成果不具有方法论意义，如居里夫人的获奖成果——放射性元素钋（Po）的发现就是如此。第二类成果本身（或与成果紧密相关的思维方法、设计思路等）就具有普遍的方法论意义，如在理论创新领域，1965 年诺贝尔物理学奖成果——重整化方法，对物理学、化学、宇宙学、纯粹数学等学科的理论研究都有重大借鉴价值，具有明显的方法论意义。第二类成果的数量比第一类要少，但其方法论意义很大。第三类成果是各学科领域里众多的专门方法，如分子生物学中提取DNA 的各种特殊方法。这类成果虽是方法，却只用于专门的科研领域，不具有普遍的方法论意义。上述的第二类方法也涉及哲学问题，如重整化方法，史蒂芬·霍金在《时间简史——从大爆炸到黑洞》中，对该方法进行了哲学视角的分析。而科学与哲学界的探索，又导致相关的超引力、超弦理论、人择原理、大统一理论、终极理论及终极理论能否证明等（均与无穷大有关系）诸多复杂的哲学问题，至今仍在探索。同时，我们对科学实验领域也进行了相关的探索。显然，诺贝尔科学奖的一些重大成果（方法）具有重要的方法论意义，这些新方法可应用于多种不同学科，作用较大、价值较高，但它们未被从方法论视角进行深入、全面的研究，故有必要进行认真分析。

科学理论在科学知识体系中有着十分重要的作用，因为零散的科学事实、数据、定律等只有构成一个完整的理论，才能够获得合理的解释。更加重要的是，只有形成科学理论，科学家才能够做出明确的预言和推论，从而使理论能够被实验严格检验，并且最终发挥科学理论指导人们实践（技术创新）的重要作用。获得诺贝尔科学奖的理论成果均对科学的发展和社会的进步起到了举足轻重的作用，科学技术史中的许多重大技术成果就是在这些获奖理论成就的预测基础上及启发下而成功的，如高温超导技术（BCS 理论，获 1972 年诺贝尔物理学奖）、正电子应用技术（狄拉克量子力学理论，获 1933 年诺贝尔物理学奖）、量子干涉仪（“约瑟夫森效应”理论，获 1973 年诺贝尔物理学奖）等，类似例子有很多，充分说明科学理论在当代技术研发领域的重要性和独特性。

这些获得诺贝尔科学奖的理论成果的研究过程和研究内容表现出独特的方法论意义，我们据此对其构建理论的基本原则、各种方法进行了深入的分析、探讨和总结。与此同时，我们对与科学理论相关的一些重要问题，如自然界的层次性与理论的发展、理论与科学语境的缺失和进化等进行了深入研究。其中语境缺失和进化问题的提出和探讨具有一定的原创性。

毋庸置疑，诺贝尔科学奖获得者成功的关键是他们具有极高的创新意识、独特的创新思路，作为具有最高原始创新的重大科技成就，诺贝尔科学奖成果充分体现了获奖者创新思维的特点及创新过程的规律。据此，我们将诺贝尔科学奖得主这一特殊群体的科技创新活动，以及创新思维的特点和规律进行了全面、深入、细致的研究，特别是从微观视角对相关问题进行深入分析和探讨，如诺贝尔科学奖得主的科研创新过程的特点、诺贝尔科学奖得主具有共性的独特创新思路，以及社会诸因素（科技政策、管理模式、教育方式、科研国际化、科技竞争、成果评价、哲学观点、文化背景等）对诺贝尔科学奖得主科研创新过程的影响等。

总之，诺贝尔科学奖成果（方法）对丰富、完善和提升现有科学方法论的内容具有明显的作用和价值，十分值得我们进行深入探索和认真研究。以科学研究的第一步科研选题来说，获得诺贝尔科学奖的科学家的科研选题表现出其内在的规律性，体现了科研选题的复杂性，下面我们结合科学技术史对其中的问题进行分析。

对于科研选题，如果从科学研究的主体角度分析，不同心理偏好的科研人员在选题上亦会表现出很大的差异，例如，好奇心强的科学家通常喜欢从事探索自然界本质与规律的基础研究，而功利性强的科学家则喜欢进行应用研究或开发研究。例如，有些功利性强的中国海外留学生回国后开办高技术公司，目的是追求经济效益，他们的选题自然是应用研究或开发研究。反过来看，不同类型的科研课题又对研究者的专长有着一定的要求，比如基础研究课题往往需要科学家具备较深厚的理论功底、数学能力、怀疑精神及哲学修养，而开发研究课题则要求研究者具备较强的动手能力、绘图技巧、团队精神和公关能力等。

若从最终的科研成果角度分析，不同科研项目要求的智力水平是不同的。百余年的诺贝尔科学奖成果也存在这一特点。例如，日本科学家江崎玲于奈（Leo Esaki）1973 年获得诺贝尔物理学奖的成果——电子的隧穿效应就具备这一特点。电子的隧穿效应是物理学家在理论上的一个预言，电子如果从两块相互接触的半导体材料间穿过，其行为相当于要找到一条隧道才能够达到此目的。由于这一结论在计算机硬件领域有重要的应用前景，所以全世界许多科学家都投入了这一课题的研究，但当年欧美科学家的思路都是对半导体材料进行高度的提纯，结果均未成功。而江崎玲于奈却运用逆向思维，利用简单得令人难以置信的掺高浓度杂质的锗单晶体制成的薄 P-N 结，成功实现了电子的隧穿效应。

当然，相反的例子也存在，如电磁波理论中的偏微分方程组（麦克斯韦方程组），其研究要求极高的智力和数学天赋，否则根本不可能列出和解出方程。当年，电磁现象的早期研究者，英国著名实验物理学家法拉第就是因为数学能力弱，才没能够列出电磁波的偏微分方程组，尽管电磁学中的基本实验和基本定律都是他完成的。时至今日，一些物理专业的学生学习电磁学课程后，要独立推导出麦克斯韦方程组仍然不是件容易的事情（麦克斯韦是德国著名物理学家，具备极高的数学天赋，小学时期就被誉为神童）。

不同科研项目成果要求的智力水平不同，提示我们普通智力的科学家也能够取得重要的科研成果，并完全有可能获得诺贝尔科学奖，因为诺贝尔科学奖并不是以成果研究的智力难度，而是以成果的科学意义或应用价值作为评奖的标准和依据的。同时，这还提示我们，一个国家的科学界又不能缺少天才式的、高智商的杰出研究人员，否则有些高智力难度的课题将无法完成。

上述从科研成果要求的智力水平方面进行的分析说明，普通科学家在选题时，还应该考虑自身的智力条件，若无自知之明，恐怕最后只能是眼高手低、一事无成。反之，若因为自己智力一般就妄自菲薄，也会自我贬低、自我打击，失去在科学前沿探索的信心和勇气。同时，这方面的规律对科技管理工作也具有参考价值。

另外，从社会层面分析，科研选题还受到国家、单位或特殊国际协定的制约。在不同的历史时期，国家的科技政策会直接影响科学家的具体选题。从事基础研究的科学家往往反感政府对科研的干预，但在历史上，美国政府曾对科研选题等具体问题进行强制性干预，后来研究成果却导致不相关的重大成果并获得诺贝尔物理学奖。

第二次世界大战时期，美国空军要求贝尔实验室研制频率高达 24 000 兆赫的高性能雷达。军方人员认为，微波的频率越高，探测效果应该越好。但是该实验室的物理学家汤斯（Charles Townes）却指出，如此高频率的微波辐射很容易被大气中的水蒸气吸收掉，探测效果反而不好。可军方坚持要汤斯研制这种高频率雷达。结果正如汤斯所料，研制出的高频率雷达在军事上毫无价值，但这一高频率、高分辨率的设备却成为汤斯研究微波与分子相互作用的有力工具，使他于 1953 年研制成功世界上第一台微波激射器（MASER）。1958 年，汤斯和其内弟肖洛（Arthur Schawlow，1921~1999）提出了完整的“红外和可见光激射器”设计方案，这标志着 20 世纪最重要的发明之一——激光技术诞生了。汤斯因这一杰出贡献获得 1964 年的诺贝尔物理学奖。[①]

---

① 瑞典皇家科学院诺贝尔奖评审委员会官网，http: //www.nobelprize.org。

这一典型的案例充分表明，在“大科学”时代，政治因素对科学的影响有时是非常直接、具体的。对此，科学家必须认清其中的规律，不应该盲目反对，否则不利于自己的科学研究活动。

由此可见，在科研选题方面，从微观角度看涉及许多值得深入探析和概括总结的问题，相关内容对提升理工科硕士、博士研究生今后科研选题的针对性、有效性、科学性、合理性和准确性具有相当重要的指导意义和参考价值。只有了解了上述相关内容，一个研究生才能够在未来的科研工作中依据主客观的条件选择出适合自己的科研课题，从而迈出科研的第一步。

在构建理论方面，过去主要从宏观层面简单讲述了科学理论的类型、科学理论的深化等问题，对微观层面的构建理论的原则和方法等均未做分析，我们针对这些问题，结合诺贝尔科学奖成果进行了深入的探讨。

本书内容有助于对科学方法论进行微观视角的探讨，从而拓展方法论的研究领域。现有的科学方法论是从总体上对科学研究一般方法的分析和把握，其特点是普适性（理工农医各专业均适用）、程序性（主要讲述科研活动的一般程序）、原则性（仅涉及方法论的一般原则）、宏观性（从整体视角探讨科研活动的方法）和哲学性（探讨科学方法中有关的一些哲学问题，如判决性实验、理论的评价等涉及科学哲学的内容）。

显然，如果能够针对一般科研方法涉及的各程序与环节，再紧密结合科学技术史中诺贝尔科学奖的重大科研成果进行专门的深入分析和研究，就能够使我们概括、总结出更加具有明确指导意义的且具有一定操作性的方法论内容，对科研人员及研究生、大学生会有更加直接的启发和帮助。

事实上，西方有些学者在这方面进行过一定的初步探索，如 J. Michael Bishop 的著作——*How to Win the Nobel Prize：An Unexpected Life in Science* 及 Doherty Peter 的著作 *Beginner's Guide to Winning the Nobel Prize ：A Life in Science* 等。但从这些西方学者现有的成果看，他们的研究主要还是侧重于科学技术史，而不是对百余年来的诺贝尔科学奖成果从方法论视角进行的深入和全面的探讨。

本书从微观视角对与诺贝尔科学奖成果相关的科学方法论问题做了深入分析、探讨、概括和总结，同时，为了说明科学方法论的相关问题，也为了能够使研究的内容具有完整性，我们在案例分析时不局限于获得诺贝尔科学奖的成果，而是对少数未获奖的重大科研成果（它们大多数获得提名）也进行了分析（当然这些未获奖成果数量很少）。在科学意义和价值上，这些未获奖的成果和获奖成果是等同的。

在学术研究中，科学技术哲学是比较独特的一个二级学科，它要求较深的自然科学背景。虽然从事科学技术哲学研究的学者基本是理工科专业出身，但由于现代科学技术发展十分迅速，成果日益复杂，所以要准确和全面掌握重大科技成果的具体内容并分析、概括其中的方法论意义，是有相当大难度的。因此，自然科学家和社会科学家应该建立联盟，共同推动哲学的发展。在中国，专业的自然科学家一般很少发表科学方法论、科学技术史、科学技术哲学方面的论文，主要原因是这方面的文章不被看作专业论文，在评聘专业技术职务时不予考虑。尽管如此，许多自然科学家和工程技术人员仍然对科学方法论、科学技术史、科学技术哲学的论题十分感兴趣，也愿意和哲学工作者探讨相关的问题。因此，哲学界开展诺贝尔科学奖成果的方法论视角的研究并取得有价值成果的可能性是很大的，我们在今后的具体探索和内容修改过程中，也会积极与专业的科研人员合作，以便取得真正有价值的学术成果。

限于笔者的学术水平和专业背景，本书中的诺贝尔科学奖成果的方法论视角的研究成果仅是探索性的，只为抛砖引玉，恳望学术界各位同人不吝赐教。

第二章 科研选题

所谓科研选题，是指研究人员依据科学技术自身发展的趋向或社会发展的需要而选取的尚未解决并且具有较高学术价值或应用价值的科学疑难问题、技术设计等方面的问题。

科研选题是科学研究活动的第一步，也是科学研究活动的关键环节。因为只有通过科研选题，研究人员才能够确定自己科研的具体目标和问题，进而取得科技成就，并获得科技界同行和社会公众的尊敬。科研选题的优劣，在相当大的程度上能够决定科研成果水平的高低和价值的大小。正因为如此，世界各国的诺贝尔科学奖获得者和其他研究人员都十分重视科研选题的工作。

第一节 诺贝尔奖得主选题的类型及特点分析[①]

在百余年诺贝尔科学奖的获奖者中，获奖者能够取得重大的一流科研成果的重要因素之一，就是他们的科研选题十分成功。因此，归纳、总结他们科研选题的类型及特点，对今后的科研工作者有极大的参考价值。

通过百余年诺贝尔科学奖成果的具体案例分析，我们发现诺贝尔科学奖得主的选题类型主要有以下几种。

① 曹伟. 2010. 青年诺贝尔奖得主科研选题的类型及特点分析. 自然辩论法研究，(7)：67-72。

一、接续推进型

接续推进型选题的特点是，对那些影响较大、比较重要的科研成果进行接续探索，同时对其不足之处进行完善，推进了原课题的发展，并且取得更加完善和重要的成果。

从选题的技巧方面看，这一类型的选题尤其适合年轻科学家进行探索和研究，因为一是它有了别人的研究成果作为借鉴，无论在研究方法还是数学推导上都能够得到启发和借鉴，相当于有了一个参照坐标；二是研究目标十分明确，针对性非常强，可以在较短时间内高效率地搜索、掌握研究所需要的相关知识和材料，以便集中精力攻克难关；三是通过与原有科研成果的比较和分析，可以很方便地知道自己的研究结果是否有真正的推进和提高，从而判断成果的学术价值和科学意义。

接续推进型科研选题的存在，一方面说明人类对自然界的认识是循序渐进的，是一个由一级本质到二级本质……不断深化的过程；另一方面也说明科学的发展符合波普尔的“否证主义”学说。更加重要的是，接续推进型选题还说明了“否证主义”正确的内在原因，即任何现有的科学成果都是对自然界事物规律某种程度的、近似的认识，而非绝对真理。同时，被改进或否证的科学成果也有其内在的价值和意义，它不仅能够为进一步的研究提供基础和平台，还能够为其在某一方面的应用（技术发明）提供条件和可能。

在百余年诺贝尔科学奖成果中，以接续推进型选题获得成功的不在少数。例如，超导物理领域的理论研究（伦敦兄弟理论→金茨堡/朗道理论→BCS理论→高温超导理论），分别在科学和技术领域获得应用，现在世界各国的物理学家仍然在进行着探索和深化，说明超导理论中的接续推进型选题今后依旧可以进行。在技术领域，核磁共振技术先后有多名科学家获得诺贝尔物理学奖，也是接续推进型选题的成功典范。下面我们用诺贝尔科学奖成果中的两个案例进行说明。

（一）集体模型

集体模型（综合模型）是通过对壳层模型进行接续推进型研究而获成功的，由丹麦物理学家阿格·玻尔（Aage N. Bohr，1922~2009）和美国物理学家利奥·雷恩沃特（Leo J. Rainwater，1917~1986）各自独立提出。

壳层模型由美籍德国物理学家玛丽亚·梅耶（Maria G. Mayer）和德国物

理学家约翰尼斯·延森（Johannes H. D. Jensen）各自独立进行研究。他们发现当原子核内的质子数 P 和中子数 N 是 2、8、20、28、50、82、126 时，原子核就表现得很稳定。 联想到惰性气体元素，其具有稳定性是因为核外的电子壳层是满壳层（闭合壳层），核外电子数为 2、10、18、36、54、86 等。所以，物理学家推测原子核也可能具有壳层结构（类比推理）。

1948 年，玛丽亚·梅耶和约翰尼斯·延森各自独立地完善了壳层模型。后来梅耶和延森合作，预言幻核俘获慢中子的概率较小，他们计算了核的角动量值，提出在大数值区域存在大量的核的同质异能素。该模型还能解释大多数原子核的基态自旋和宇称（薛凤家，2003）。①上述结论均被实验验证。梅耶和延森获得 1963 年的诺贝尔物理学奖。

但壳层模型存在明显的不足，因为它把壳层中的核子视作没有联系、各自独立的粒子，所以无法解释原子核的集体（整体）运动。阿格·玻尔和雷恩沃特正是看到了壳层模型的这一缺陷，才各自独立地进行接续推进工作。他们提出了集体模型。实验表明，原子核的运动形式，除独立粒子运动以外，还有振动和转动等集体运动的形式。集体模型认为，原子核中的核子在平均场中独立地运动并形成壳层结构，而原子核又可以发生形变，并产生转动和振动等集体运动。这两种集体运动的引入是集体模型对壳层模型的重要发展。集体模型很好地解释了远离幻数的原子核磁矩及壳层模型无法给出的大的电四极矩。1950 年 4 月，利奥·雷恩沃特则提出原子核的主要部分（内核）与其外围核子（价核子）之间存在相互作用，价核子在内核形成的场中运动，反过来价核子又能影响内核的形状。这一模型可以很好地解释原子核的四极距、大磁矩值、原子核的低能激发光谱等现象，并与实验结果相符。阿格·玻尔和雷恩沃特共同获得 1975 年的诺贝尔物理学奖。

（二）“约瑟夫森效应”

“约瑟夫森效应”（超导隧穿电流）是英国物理学家约瑟夫森 22 岁时做出的理论预言，约瑟夫森因该成果而获得 1973 年的诺贝尔物理学奖。

超导（电子）隧穿电流课题是对常温下的电子隧穿效应理论的接续推进型研究。常温下的电子隧穿效应于 1957 年由日本物理学家江崎玲于奈在实验中成功实现。

1962 年，约瑟夫森计算了超导结的隧穿效应并得出结论：如果两个超导体

① 以下凡提到的诺贝尔科学奖成果，未标记来源的均引自该书，特此说明。

距离足够近，电子对可以通过超导体之间的薄绝缘层（厚度为 10 埃左右）形成超导电流，而超导结上并不出现电压；如果超导结上加有电压，可产生高频超导电流，这是特有的量子力学的隧道效应。两块超导体夹一层薄绝缘材料的组合称 S-I-S（Superconductor-Insulator-Superconductor）超导隧道结或约瑟夫森结。

“约瑟夫森效应”主要表现为“直流约瑟夫森效应”和“交流约瑟夫森效应。”这些惊人的结论一年内就被实验证实。“约瑟夫森效应”具有非常重要的应用价值和广阔的应用前景，如新型半导体元件及在量子干涉度量学方法基础上开发的超导量子干涉器，分辨率极高。在心磁图、脑磁图、探测弱磁物质等方面也有广阔的应用前景。

二、热点追踪型

热点追踪型选题的特点是，紧密追踪科学前沿领域里的热点问题或最新发展方向，以此作为自己的主攻目标。这一类型的选题能够使研究人员迅速进入角色，科研问题十分明确，针对性也很强，因此可以节省一般选题过程中花在检索、调研、咨询等方面的大量时间，从而大大提高科研的效率。另外，由于面对的是全新的科学问题或自然现象，所以资历浅、级别低的年轻科研人员和资深的科学家完全处于同一起跑线上，前者勇于大胆创新、思想约束少反而容易脱颖而出，最终取得成功。

热点追踪型选题符合“前沿性原则”（见下节的相关内容），科学领域里的热点往往是国际科学界关注的重点，通常存在许多未解决的问题，因此也就存在激烈的学术争论。这一阶段相当于美国科学哲学家库恩所说的“前科学时期”，所以各种观点争奇斗艳、百家争鸣，有助于创新观点的生存，因为这个阶段是科学发展的特殊时期，还没有形成权威，也就很少存在对大胆创新者的打压。相反，那些成熟学科或领域里由于学术权威的存在，往往出现压制、打击创新者的现象，原因在于成熟学科已经是“常规科学时期”，科学界有了公认的“范式”，而这种“范式”通常是科学权威提出的。

运用热点追踪型科研选题获得诺贝尔科学奖成果的两个具体案例如下。

（一）介子假说

介子假说 1935 年由日本物理学家汤川秀树（Yukawa Hideki，1907～1981）

在论文《基本粒子的相互作用》中提出。当时，量子电动力学正处于早期阶段，科学家已逐渐认识到，电磁相互作用可以看作是在荷电粒子之间交换光子，光子是电磁场的“量子”，它以光速运动且静质量为零。参照这种理论，世界上许多物理学家都在探索研究质子和中子之间的强相互作用（核力）是依靠交换何类粒子实现的，但欧美学者的思路基本是在已知的粒子中寻找，因此都无功而返。汤川秀树初始的思路和国外学者一样，但在发现无法实现后，他及时改变了思路，大胆地把强相互作用设想为带有势函数 $U(x, y, z, t)$ 的特定场中的一种作用，这种场导致所谓 U 量子，U 量子是核强相互作用时一种过去不存在的粒子，其静质量约为电子的 200 倍（后来命名为“介子”）。

按照这一假说，质子和中子通过介子可以带正、负电荷，或是中性的，一个介子可以转化为一个电子和不带电的轻子（即中微子）。1937 年，C.D.安德森等在宇宙射线中发现新的带电粒子（后被认定为 μ 介子）。10 年后的 1947 年，C. F. 鲍威尔等在宇宙射线中发现了另一种粒子，认定是汤川秀树所预言的介子，被命名为 π 介子。

由于在核力理论的基础上成功预言了一种新粒子介子的存在，汤川秀树获得 1949 年诺贝尔物理学奖，他是亚洲第二位获得诺贝尔物理学奖的科学家。

（二）DNA 双螺旋模型

这一重要成果由美国生物学博士沃森（James Dewey Watson，1928~）和英国科学家克里克（Francis Harry Compton Crick，1916~2004）共同取得。

1951 年，沃森来到英国卡文迪什实验室，同克里克开始了对遗传物质脱氧核糖核酸（DNA）分子结构的合作研究。当时还有两个实验室也在研究 DNA 分子模型。第一个是伦敦国王学院的威尔金斯和富兰克林的实验室，第二个是加州理工学院的著名化学家莱纳斯·鲍林（Linus Pauling，1901~1994）的实验室。在此之前，鲍林已发现了蛋白质的螺旋结构。可见，对遗传物质 DNA 分子结构的研究是国际科学界的一个研究热点。

沃森和正在做博士论文的克里克对探索的目标十分清楚，即 DNA 的分子结构模型。虽然沃森和克里克既不像威尔金斯和富兰克林那样拥有第一手的 X 射线衍射实验资料，又不像鲍林那样具备建构分子模型的经验，却在科研竞争中获胜。原因主要是沃森的生物学背景起了很大的作用，这使沃森和克里克始终坚信 DNA 是遗传物质，通过遗传物质应该具有的特性，再根据数据（比威尔金斯少得多）推测出了 DNA 双螺旋模型。

DNA 双螺旋模型，是 20 世纪最重大的科学发现之一，是生物学史上唯一可与达尔文进化论相比的重大发现，它与自然选择一起，统一了生物学的大概念，标志着分子遗传学的诞生。1962 年，沃森、克里克和威尔金斯三人共同获得诺贝尔生理学/医学奖。

三、导师指定型

导师指定型选题的特点是，由博士研究生的导师根据自己的学术判断、科研经验及对本学科领域发展方向的分析，向学生提出科研选题的具体建议。在这一类型中，导师往往具有很高的科研能力与水平，提出的选题通常也有较高的学术价值。在科学技术史中，西方国家有许多博士研究生的毕业论文成果获得了诺贝尔科学奖，具体的典型案例是 BCS 理论和切伦科夫效应。

导师指定型选题的存在一方面说明科学技术的各个学科领域存在着许多未解决的问题；另一方面还说明科研领域里的这些问题在未被解决之前，没有人能够判断该问题的具体解决方法或途径，这一点正是科学研究最大的魅力所在。同时，导师指定型选题往往具有较高的难度（在理论探索领域这一点尤其突出），因为如果难度较低，那些一流的导师通常会让本科生作为科研实践去解决了，而不会推荐给博士生做。在技术或实验领域，导师指定型选题往往还会导致偶然性的重大发现，这在获得诺贝尔科学奖的成果中有许多具体案例。

与其他行业相比较而言，科学研究领域里导师的“伯乐”作用更加明显和重要，因为科研，尤其是前沿领域的科研是一种高度智力化、专业化和学术化的特殊活动，其最终成果的评价，以及相关科研人员水平、能力的判断，在世界各国和各个历史时期都只能够靠科学界的顶级专家、同行来给出结论或评语，这就显出博士生导师的重要性了。按照世界各国科学界和教育界通行的标准，博士生是对从事学科领域前沿研究的高级专门人才的培养，其目标非常明确，是培养一流研究人员。因此，这些人才必须具备从事创新型科研的能力和水平，否则就得不到博士学位。换句话说，取得博士学位的毕业生都应该是一流的研究人员。显然，优秀的、一流的导师才有培养出一流博士生的更大可能，中国有句古话——“名师出高徒”——讲的就是这个道理。也正因为如此，西方国家科技界、教育界的导师在招收博士生的时候具有决定性的评判和选择的权利，可以说是神圣不可侵犯。历史上，李政道在没有取得西南联合大学的本科毕业证书的情况下，仍然能够到美国后通过芝加哥大学的考试而被录取为博士生，其根本原因就是导师对其科研能力和水平的欣赏，认定他是可造之才。

而李政道 1957 年获得诺贝尔物理学奖充分验证了其导师当初的判断。中国另外一位留学美国的著名科学家钱学森也有类似的经历。钱学森起初在麻省理工学院读博士，后来发现该校的喷气推进实验研究条件不如加州理工学院，因此他直接找到著名空气动力学教授冯·卡门要求转校，冯·卡门当场出题考了钱学森，发现他思维敏捷、基础扎实，于是当场就决定录取他为自己的博士生。钱学森后来做出的实际科研成就也证明了冯·卡门导师的准确判断。

（一）BCS 理论

BCS 理论是解释常规的超导电性的一种微观理论，故也称为超导微观理论，由巴丁（J. Bardeen）、库珀（L. Cooper）和施里弗（J. Schrieffer）三位研究者姓氏的第一个字母组成。

所谓超导电性是指 1911 年荷兰科学家卡麦林·昂内斯发现的奇特现象：汞在 4.2K（–273.16℃为绝对零度）时，其电阻会突然消失。昂内斯由此获得 1913 年诺贝尔物理学奖。对于这一奇特现象，许多科学家都试图从理论上进行解释。1935 年，F.伦敦（Fritz London，1900 ~ 1954）和 H.伦敦（Heinz London，1907 ~ 1970）兄弟根据超导体的宏观性质，建立了超导体的电动力学方程（伦敦方程），解释了超导体一系列奇特的电磁性质。但伦敦兄弟的理论无法说明超导电性形成的内在原因，他们推导出的有些结论和实验也不相符。

美国伊利诺伊大学导师巴丁向自己的博士研究生施里弗提出了 10 个课题供其选择，并明确告诉施里弗，其中超导电性的微观机理问题难度最大。施里弗选择了挑战，经过 3 年的艰苦探索，最后在直觉、灵感的帮助下，于 1957 年获得了超导体基态的波函数，从而求出了能隙方程、吸引势的简单模型及绝对零度时的凝聚能。这让施里弗找到了从数学上定义包含很多“库珀电子对”（动量相反的电子配成的对）的量子态的方法，同时解释了超导电性的微观原因：超导材料中晶格的振动，即所谓的声子（Phonon），使自旋和动量都相反的两个电子组成动量为零的“库珀电子对”，这称为电声子交互作用。根据德布罗意的物质波理论，“库珀电子对”的波长很长，所以可以绕过晶格缺陷杂质无阻碍地流动。

巴丁、库珀和施里弗由于上述重要成果共同获得1972年诺贝尔物理学奖。

（二）切伦科夫效应

切伦科夫（Pavel Alekseyevich Cherenkov，1904~1990）于 1934 年在导师

瓦维洛夫的指导下，开始进行放射线穿过高折射率介质（如蒸馏水）的实验。导师告诉他，当放射线中的带电粒子速度大于介质中光的运动速度时，可能会产生新的、有价值的现象。媒质中的光速比真空中的光速小，粒子在媒质中的传播速度可能超过媒质中的光速，在这种情况下会发生辐射，称为切伦科夫效应。这不是真正意义上的超光速，真正意义上的超光速是指超过真空中的光速。

切伦科夫效应在高能物理中在侦察带电粒子并测量它们的速度等方面均有广泛的用途，如根据“切伦科夫效应”的原理设计的切伦科夫探测器就是其应用的一例。这种仪器可用于确定高速带电亚原子粒子（如质子）的存在及其能量，在某些情况下还可以用于识别不同质量的带电粒子。另外，根据切伦科夫效应的原理还可以制成宇宙射线计数器。

1937 年，I. M. 弗兰克和 I. E. 塔姆对切伦科夫效应从理论上做了解释。切伦科夫辐射是强偏振辐射，可用于研制探测高速粒子的切伦科夫计数器，具有计数率高、分辨时间短、能避免低速粒子干扰且准确测定粒子的速度等优点。切伦科夫计数器在物理实验中发挥了重要作用：1955 年，塞格雷和张伯伦利用切伦科夫计数器发现了反质子，两人获得 1959 年诺贝尔物理学奖。日本物理学家小柴昌俊则利用 1000 米深处的废弃砷（砒霜）矿里的 5 万吨纯水作为探测介质，建造了一台巨型切伦科夫计数器并探测到了宇宙中的中微子，获得 2002 年诺贝尔物理学奖。

切伦科夫等的研究成果受到西方科学界的广泛赞誉。1958年，切伦科夫与弗兰克、塔姆三人共同获得诺贝尔物理学奖，这是苏联自己培养的科学家第一次获得诺贝尔物理学奖，意义重大。

四、标新立异型

标新立异型选题的特点是，科学研究者针对前沿领域的科学问题，大胆提出自己的创新思想，有时甚至是离经叛道的观点，从而形成创造性极高的重要课题。由于年轻科学家较少受旧理论、旧观念的束缚，加之具备勇于创新、不怕失败的心理优势，所以往往能够提出标新立异的选题思路。典型的案例有德布罗意物质波假说的提出和普朗克“能量子”假说的研究。

标新立异型选题凸显了科研过程中科学家的创新思维，一般来说，这一时期通常是美国哲学家库恩所描述的“科学危机时期”，其特点是老的范式遇到了危机，对于许多新问题，旧理论无法给出满意的、合理的解答，因此科学家纷纷提出自己的大胆创新学说。在具体的科研活动中，科学家的创新思维既有逻辑思维也有非逻辑思维，同时也有个人经验和外界启发因素甚至偶然因素的作用，因此不存在固定的思维模式，表现出异常的复杂性。这正是科学研究活动的特殊性所在。也正因如此，科研创新活动是目前人类唯一没有实现自动化的活动，在可以预见的相当长时期内，科研创新的自动化也不可能实现。这充分说明了科研活动的高度复杂性、智慧性和非机械性。同时，科学研究的这一突出特点也要求教育界必须不断培养出一流的毕业生才能够满足科学事业的需要。

（一）德布罗意物质波假说

1923 年夏末，德布罗意（Louis Victor de Broglie，1892~1987）开始进行他的物质波课题的研究。在光具有波粒二象性的启发下，德布罗意提出了大胆的假说，认为一切微观粒子，包括电子、质子、中子等都有波的特性。他把光子的动量与波长的关系式 $p = h/\lambda$ 推广到一切微观粒子上，指出具有质量 m 和速度 v 的运动粒子的波的波长等于普朗克恒量 h 跟粒子动量 mv 的比，即 $\lambda = h/(mv)$，此关系式后来就叫作德布罗意公式。

德布罗意提出的“物质波”假说，认为和光一样，一切物质都具有波粒二象性。根据这一假说，电子也会具有干涉和衍射等波动现象，这为后来的电子衍射试验所证实。

德布罗意的创新观点奠定了物质波理论的基础，但其他学者包括他的导师，著名物理学家朗之万（Paul Langevin，1872 ~ 1946）都对德布罗意的超前思想抱有怀疑态度。随后，德布罗意向答辩委员会正式提出自己的博士论文《量子理论的研究》，这样委员会就必须对他的论文做出评判。1924 年 11 月，德布罗意通过论文答辩，获得博士学位。但他的具有划时代意义的思想并未受到物理学界的重视，直到爱因斯坦在自己撰写的有关量子统计的论文中高度评价了德布罗意的思想，德布罗意的工作才获得科学界的高度关注。1929 年，德布罗意因“物质波”假说获得诺贝尔物理学奖。

（二）普朗克“能量子”假说

1894 年，普朗克（Max Karl Ernst Planck，1858~1947）开始研究黑体辐射问题，普朗克抛弃了“能量是连续的”这一经典物理学传统观念，提出物质辐射的能量是不连续的，只能是某一个最小能量的整数倍。普朗克把这一最小能量单位称为“能量子”。普朗克的假设解决了黑体辐射的理论困难，他还进一步提出了能量子与频率成正比的观点，即数学公式 $E=hv$，其中 E 是能量，v

是频率，并引入了一个重要的物理常数——普朗克常数 h。这表明能量只能以不可分的能量元素（即量子）的形式向外辐射。

普朗克的假说具有彻底的革命性，当初大多数物理学家（包括普朗克本人在内）都认为这一假说不过是适应面很窄的一个数学假设。但是几年以后，事实证明普朗克的概念还能应用于除黑体辐射以外的许多各种不同的物理现象。1905 年，爱因斯坦用这一概念解释光电效应，1913 年尼尔斯·玻尔在他的氢原子结构学说中也使用了这一概念。他的学说基本正确而且在物理学理论方面具有根本重要的意义。

普朗克常数 h 在物理理论中有着重要的作用，被认为是最基本的物理常数之一。它出现在原子结构学说、不确定性原理、辐射学说和许多公式中。普朗克由于创立了量子理论而获得 1918 年诺贝尔物理学奖。

五、否定谬误型

否定谬误型选题的特点是，科研人员通过自己的独立思考和严谨分析，发现了科技领域存在的错误结论，甚至有些是著名科学家得出的结论。但他们仍然以此作为选题进行大胆探索，最终推翻已有的谬误，从而推动科学技术的进步。这种类型的选题要求科学家必须具备大胆怀疑、不惧权威的勇气和精神。

否定谬误型的科研选题大多在库恩所描述的“科学革命时期”提出，其特点是老的范式（理论）对自然现象的解释是完全错误的，是站不住脚的。一般说来，提出这种科学研究成果往往需要科学家具有很强的信念和意志，不怕压制和嘲讽。老的范式（理论）通常是由科学界的学术权威提出的，由于学术地位的考虑及荣誉心的作用，学术权威有时会强烈反对与自己观点不同的科学家的成果。

否定谬误型的科研选题的典型案例如下。

（一）拉曼效应

印度物理学家钱德拉塞克哈拉·拉曼（Chandrasekhara V. Raman，1888~1970）因研究光的散射和发现拉曼效应获得 1930 年诺贝尔物理学奖，他是第一位获得诺贝尔科学奖的亚洲人。

对于海水的蓝色，英国著名物理学家约翰·瑞利（因发现惰性气体元素氩获 1904 年诺贝尔物理学奖）认为是因海水反射了天空的蓝色而产生的。瑞利推断，由于水分子很密集，所以海水对阳光没有散射，颜色本应是无色的，只是海水反射了天空的蓝色才使自身变蓝。但拉曼利用可以消除天空蓝色的尼科尔棱镜观察从海面反射的光线，发现自己看到的是比天空蓝色更蓝的颜色。于是怀疑瑞利的结论。拉曼的重大发现是，当单色光在液体中被散射时，会出现一条相应的散射线。一般情况下，散射线的波长比入射线的波长要长。散射线与入射线的波长相差一个恒定的常数（此即著名的拉曼效应）。这一发现表明，散射光光谱的位移量正好与液体分子的振动频率相符。拉曼效应因此成为探索物质分子结构和化学成分的有力工具。

（二）宇称不守恒

弱相互作用下宇称不守恒这一重要研究由李政道（Tsung-Dao Lee，1926~）和杨振宁在 1956 年合作完成。科学界在 1956 年前一直认为宇称守恒，也就是说一个粒子的镜像与其本身性质完全相同。这似乎天经地义，没有任何可以怀疑之处。1956 年，科学家发现 θ 和τ 两种介子的自旋、质量、寿命、电荷等完全相同，多数人认为它们是同一种粒子，但 θ 衰变时产生两个 π 介子，τ 衰变时却产生 3 个 π 介子，这说明它们应该是不同的粒子。

李政道和杨振宁经过深入细致的分析后，大胆地断言：τ 和 θ 是完全相同的粒子（后来被称为 K 介子），但在弱相互作用的环境中，它们的运动规律不一定完全相同，即“θ–τ”粒子在弱相互作用下是宇称不守恒的。

不久，华裔实验物理学家吴健雄设计了巧妙的实验，实验结果证实了弱相互作用中的宇称不守恒，从而推翻了在物理学领域存在 30 年之久的宇称守恒定律。从此，宇称不守恒成为一条具有普遍意义的基本原理。

杨振宁和李政道的研究成果震惊了整个物理学界，同时迅速得到国际学术界的承认。他们获得 1957 年诺贝尔物理学奖。一项科研成果在发表的第二年就获得诺贝尔科学奖这是第一次，在科学史上极为少见。

“宇称不守恒原理”的影响是深远的，它在物理学中具有重大的科学意义。1998年，欧洲原子能研究中心的科研人员发现，正负K介子在转换过程中存在时间上的不对称性：反K介子转换为K介子的速率要比其时间逆转过程，即K介子转变为反K介子要快。这是物理学史上首次直接观测到时间不对称现象，这一发现动摇了基本物理定律应在时间上对称的古老观念。

六、资料启发型

资料启发型选题的特点是，研究人员十分重视前沿科技领域的成果资料的分析、整理工作，从而发现有较高学术价值和科学意义的选题，最后经过努力获得重要成就。这一类型的选题启发人们，应该高度关注本专业领域最新的科技发展状况，时刻注意收集相关的学术资料。

资料启发型的科研选题说明，科学家应该经常整理过去的资料、数据，加深对它们的了解和把握。同时这种情况还说明，科学知识之间是存在内在联系的，必须用辩证法的观点看待科学知识，而不应该是用孤立、静止的观点去观察。

资料启发型科研选题的具体案例如下。

（一）中子谱学研究

1950 年年底，布罗克豪斯（Bertram N. Brockhouse，1918~2003）在和胡斯特（D. G. Hurst）一起学习理论文献时，注意到了《物理评论》（*Physical Review*）上的有关晶体和铁的中子衍射的论文，他立即敏锐地认识到，运用中子非弹性散射这种实验手段可以描述晶体中声子的色散关系，从此布罗克豪斯就开始了中子非弹性散射技术的研究，他在原有的单轴和二轴中子谱仪的基础上设计了三轴谱仪，成为研究凝聚态物理的基本工具。

中子束打到物质靶上发生的衍射现象与 X 射线衍射现象在本质上是不同的。X 射线衍射是 X 射线的能量子与原子中的电子相互作用的结果，而中子衍射则是中子与原子核相互作用的结果，所以中子衍射可以观测到 X 射线观测不到的物质内部结构。由于中子不带电而具有磁矩，故对磁性有特殊的灵敏度，所以中子磁散射对分析物质的磁特性十分有效，是 X 射线衍射无法取代的。

布罗克豪斯和美国物理学家沙尔（Clifford G. Schull，1915~2001）用他们开发的中子散射技术，使原子结构和动态特性的研究成为可能。例如，中子能谱学是核反应能谱学的一部分。通过测量出入射中子的能谱、截面、角分布等，或者反应产物的各种参量随入射中子能量变化的规律，获得有关核结构和核反应机制的信息及有实际应用价值的核参量。具体研究内容包括中子共振研究、中子能谱测量、反应截面测量、角分布测量等，这些研究在工业和军事等的许多技术领域有着十分重要的应用前景。同时，中子谱学研究为科学家分析极其复杂的结构奠定了基础。比如，用中子衍射技术可以显示氢原子在晶体中的位置。这样就能够更全面地了解许多无机和有机物质的晶体结构。

1994 年，布罗克豪斯和沙尔凭此杰出成就共同获得诺贝尔物理学奖。

（二）绿色荧光蛋白研究

2008 年，钱永健（Roger Yonchien Tsien，1952~）与美国生物学家马丁·沙尔菲（Martin Chalfie，1947~）、美籍日裔有机化学家下村修（Osamu Shimomura，1928 ~）以绿色荧光蛋白（GFP）的研究获得诺贝尔化学奖。他们研究的多色荧光蛋白标记技术，为细胞生物学和神经生物学的发展带来一场革命。

早在 1962 年，下村修等就开始研究荧光蛋白课题，他们分离纯化了水母中发光蛋白水母素。水母素和 GFP 都有重要的应用。但水母素仍是荧光酶的一种，它需要荧光素，而 GFP 本身发光，在原理上有重大突破。

1992 年，美国伍兹霍尔海洋研究所的普拉舍（Douglas Prasher）在发表关于 GFP 的 cDNA（具有与某 RNA 链呈互补的碱基序列的单链 DNA）论文后，因为申请不到美国国家科学基金的资助，于是停止了进一步的研究工作。此时，钱永健搜索到了普拉舍的成果，敏锐地意识到有进一步深入研究的价值，于是他与普拉舍取得联系。普拉舍慷慨地把荧光蛋白的样本赠送给钱永健，奠定了他日后成功研究的基础。

随后，钱永健开始研究 GFP，他改进了 GFP 的发光强度，开发出绿、红、黄、蓝等荧光蛋白，发明了更多的应用方法，阐明了荧光蛋白的发光原理。现在世界各国实验中应用的 GFP，多半是使用由他的专利而制成的变种。荧光蛋白的研究具有非常重要的价值，在生物学、化学、医学等领域有广阔的应用前景。例如，将不同颜色的荧光蛋白打入细胞之后，可以观察到细胞的成长状况，进而了解细胞传递的信息。

七、合作参与型

合作参与型选题的特点是，博士生（在读或毕业后）参与到自己导师正在研究的课题中，双方紧密合作，进行联合探索与攻关，最后获得成功并同时获得诺贝尔科学奖。这一类型与导师指定型有很大区别，后者是博士生按照导师指定的选题进行独立的研究，导师不参与其中的具体科研工作。显然，由于“合作参与型”有导师的“传帮带”，年轻的研究人员往往能够很快进入角色，课题研究成功的可能性也大大提高。

在合作参与型选题中，导师和自己博士生的科研课题通常是从本学科的前沿领域里选择的未解决的重大问题。为了获得重要成果，他们往往选择带有挑战性的问题，难度很大。因此，这就要求导师和自己的博士生都具有很高的科研能力与水平。

合作参与型选题的研究还说明，作为导师应该具备提携后人的胸怀和眼界，可能在具体的研究过程中，导师发挥的作用更大些，付出的精力和贡献多些，但为了人才培养和训练出一流的科研人员，这种付出是非常值得的。

合作参与型科研选题的具体典型案例如下。

（一）高温超导电性研究

1987 年，瑞士科学家缪勒（K.Müller）和他的博士生——德国人柏诺兹（J. Bednorz）因从理论上解释了陶瓷材料的高温超导电性而获得诺贝尔物理学奖。

解释常规超导电性的微观理论——BCS 理论于 1956 年创立后，超导电性的研究就基本停滞不前。多年来，科学家一直在探索高温超导体，但在 1911~1986 年，仅从水银的 4.2K 提高到铌三锗的 23.22K。

1986 年，缪勒和柏诺兹运用 BCS 理论解释了金属氧化物陶瓷材料具有高温超导电性的原因，同时在实验中成功实现了采用钡镧铜氧化物构成的高温超导体将超导温度提高到 30K，使得高温超导体的研究取得了重大突破。虽然现有的高温超导体还必须用液氮冷却，却被认为是 20 世纪科学上最伟大的发现之一。

（二）端粒酶研究

端粒酶（telomerase）是基本的核蛋白反转录酶，它可将端粒 DNA 加至真核细胞染色体末端。端粒在不同物种细胞中对保持染色体稳定性和细胞活性有重要作用，端粒酶能延长那些变短的端粒，从而增强体外细胞的增殖能力。如果端粒变短，细胞就老化。相反，如果端粒酶活性很高，端粒的长度就能保持，细胞的老化就变缓。

上述重要科研成果由美国科学家伊丽莎白·布莱克本（Elizabeth H. Blackburn）、卡罗尔·格雷德（Carol W. Greider）和杰克·绍斯塔克（Jack W. Szostak）完成。其中伊丽莎白·布莱克本是卡罗尔·格雷德的博士生导师。

科研选题是科学家进入科学领域的第一步，因此选题的优劣在很大程度上能够直接决定科研成果价值的高低、意义的大小，所以，诺贝尔科学奖获得者选题的类型及其特点对各国科学家从事高度创新的科学研究工作具有很大的借鉴意义和参考价值。

第二节 诺贝尔奖得主科研选题的基本原则

通过总结历史上诺贝尔奖获得者成功的科研选题的各种经验，我们可以归纳出以下科学家进行科研选题时应该遵守的基本原则。

一、需要性原则

科研选题的需要性原则是指，选择课题时必须考虑科学技术自身发展的内在需要或社会某领域提出的应用需要。一般而言，满足需要性原则的科研课题才具有较高的学术价值或应用价值。在当代社会条件下，也只有符合这一原则的科研课题才能够获得科学基金、政府部门或企业的资助。

在科学技术史中，许多重大成果的选题都是按照需要性原则进行选择的，如爱因斯坦的广义相对论。狭义相对论研究的是惯性参考系的情况，即参考系是匀速运动的（加速度为 0）；但在现实的物理系统中，更多的是非惯性参考系（加速度不为 0），因此相对论从狭义相对论扩展到广义相对论，是物理学理论自身逻辑上的内在要求。正因如此，爱因斯坦才提出了广义相对论的两条基本原理：广义相对性原理——物理学规律在任何参考系——无论是惯性参考系还是非惯性参考系都相同；等效原理——一个有引力场的惯性参考系与一个无引力场的非惯性参考系等效。由于引力是宇宙演化的决定因素，所以广义相对论必然和宇宙学紧密相关。后来科学家的接续研究导致了一系列重要的宇宙学成果。

从爱因斯坦选择广义相对论的研究可以看出，科学技术自身发展的内在需要是提出科研课题的重要途径之一。

而对于技术开发方面的研究，其科研选题则必须考虑社会各领域里或科学技术领域中（理论研究、技术创新）自身的专门需求。研究人员应该将技术自身的发展趋势和各种实际的需求有机结合起来，从而开发出有价值的应用成果。在历史上，电子计算机就是在第二次世界大战中美国陆军火炮弹道数据计算的客观需要的推动和计算机技术自身发展已渐趋成熟的条件下成功研发出来的。

应该注意的是，有的基础研究课题，特别是理论性很强的探索类课题，在满足需要性原则方面要弱一些，但其学术价值和科学意义可能很大，如爱因斯坦晚年在美国普林斯顿高等研究院从事的引力、电磁力的强相互作用、弱相互作用的大统一理论就属于这类课题。可见，在基础研究的理论探索领域，对需要性原则不能过于死板和苛求，否则不利于科学的发展。

CT 技术是符合需要性原则的典型的获诺贝尔科学奖的重大成果。CT 的英文全称是 computed tomography，意思是计算机断层扫描，是利用计算机技术对被测物体的 X 射线断层扫描图像进行重建获得三维断层图像的一种扫描方式。该扫描方式是通过单一轴面的射线穿透被测物体，根据被测物体各部分对射线的吸收与透过率不同，由计算机采集透过的射线并通过三维重构成像，最后在电脑屏幕上显示出来。CT 是用 X 射线对人体某部一定厚度的层面进行扫描，由探测器接收透过该层面的 X 射线，再经过模拟/数字转换器转为数字，输入计算机处理。所以，CT 图像是经过计算机程序处理后重建的图像。

自 X 射线被发现后，医学上就用 X 光机探测人体内部器官疾病等，但由于人体内器官对 X 射线的吸收差别极小，所以就难以发现那些前后重叠的组织的病变。因此，医学界就迫切需要一种新的技术手段来弥补用 X 光机检查人体病变时的不足。

1963 年，美国物理学家科马克（Allan MacLeod Cormack，1924~1998）发现人体不同的组织对 X 射线的透过率有所不同，在研究中还得出了一些有关的数学计算公式，这些公式为后来 CT 的应用奠定了理论基础。1967 年，英国电子工程师亨斯菲尔德（Godfrey Newbold Hounsfield，1919 ~ 2004）在并不知道科马克研究成果的情况下，也开始了相关的探索工作。他首先研究了模式的识别，然后制作了一台能加强 X 射线放射源的简单的扫描装置，即后来的 CT 雏形，它可用于对人的头部进行实验性扫描测量。后来，亨斯菲尔德又用这种装置去扫描全身，获得了同样的效果。

CT 被誉为自伦琴发现 X 射线以后，放射诊断学上最重要的科技成就。也正因如此，亨斯菲尔德和科马克共同获得了 1979 年诺贝尔生理学/医学奖。

二、科学性原则

科研选题的科学性原则是指，选择的课题应该具有必要的科学依据和一定的科学事实基础。充足的科学依据往往能够从理论层面保证所选课题的科学性与合理性，同时有助于研究人员取得预期的科研成果。而具备了一定科学事实基础的选题，对数据的整理与分析及相关的理论构建有重要作用。而且这样的选题在申请各类科学基金资助时，获得立项的可能性也较高。

应该注意的是，由于科学探索的高度复杂性和不确定性，科研选题的科学性原则有时较难把握。在科技史中，被科学界或权威科学家以“毫无科学性”为由而否定，但后来却发现是重要成果并且获得诺贝尔科学奖的例子不在少数。我们以乔治·兹韦格（G. Zweig）提出的“王牌模型”为例进行说明。“王牌模型”是和“夸克模型”类似的一种理论假说。兹韦格当年只是加州理工学院的博士生，他认为“王牌”是一种物理实体，可带有分数电荷。他还推出一对“王牌”构成介子，三个“王牌”组成重子等结论。但遗憾的是，兹韦格的假说被一些学术权威斥为“江湖医生”式的研究，导致其论文无法发表，后经重大改动才得以刊登。遭此打击后，兹韦格黯然离开了加州理工学院，并停止了进一步的研究。美国许多科学家都为他惋惜，如果兹韦格不离开，他就有机会和盖尔曼合作研究，共同获得诺贝尔科学奖。1969 年，美国加州理工学院教授盖尔曼（M. Gell-Mann，1929~）因其“夸克模型”而获诺贝尔物理学奖。

再如，1933 年，23 岁的巴基斯坦裔美国物理学家钱德拉塞卡尔（S. Chandrasekhar，1910~1995）将关于恒星演化的非相对论简并电子气物态方程推广到相对论情况下，得出恒星密度随压力变化的结论。1935 年，钱氏经深入研究推出一个重要预言：质量大于 1.44 个太阳质量的恒星，其简并电子气压力将无法阻止恒星的塌缩（此时泡利不相容原理也不起作用），从而导致密度极高甚至无穷大密度的星球的存在。1.44 个太阳质量由此被称为“钱德拉塞卡尔极限”。但这一结论却受到英国天文学权威爱丁顿（A. Eddington，1882~1944）的冷嘲热讽，认为根本没有科学性，这致使钱氏的工作长期不受重视。直到其他学者在钱氏成果的基础上，推出中子星以至黑洞存在的结论且被天文学家观测到后，钱氏的工作才被承认。爱丁顿的负面评价，使钱氏到 1983 年才获得诺贝尔物理学奖。科学界普遍认为，这一奖励迟到了半个世纪。

另外，随着科学的不断发展和科学评价标准的改变，过去认为没有科学性的观点、思路、猜测等，可能现在看来是有科学依据与合理性的。例如，物理学中关于超光速问题的研究，在几十年前被科学界认为是没有意义的，因为在狭义相对论中，超光速将导致运动物体的质量变成无穷大。而现在，国际科学界已把超光速方面的理论和实验研究当作严格意义上的科学问题来对待了。像卡西米（Casimir）效应①、虚粒子、量子隧道、负能量、虫洞、时间箭头等的

① 卡西米效应是指两块不带电荷的导体板距离很近时，它们之间会产生非常微弱但仍可测量的力，卡西米效应是由真空能引起的。

研究均与超光速有关。

由此可见，在选题的科学性原则问题上，科学界应该保持一定的宽容性和前瞻性，以利于形成创新的学术氛围，避免那些有创造性的、独特的思想被压制、打击。

现在，互联网的广泛普及为解决上述问题提供了一条便利与可行的途径。那些被学术权威否决或被学术期刊拒绝刊登的论文，可以在互联网的“学术论坛”上发表，接受国际同行的评价。从法律层面看，作者的著作权是有保障的，关键是国际科学界必须达成共识，承认以这种方式发表的论文与在传统期刊上发表的论文具备同等的学术地位。目前，国际科学界还未形成这种共识，诺贝尔评奖委员会也未制定互联网上的论文可以参加评奖的规定。鉴于此，国际科学界应正视这一问题，以促进科学的发展。

三、创新性原则

科研选题的创新性原则有两层含义：一是指所选择的课题是世界上首次提出来进行研究的新课题，也就是说是独一无二的（相当于专利法中规定的新颖性）；二是指课题具有较高的创造性和价值性，如独特的科学问题、全新的研究方法、巧妙的实验设计等。

一般来说，首次提出的课题往往具备一定的创造性，其最终的科研成果也较重要。但有时也不完全是这样，可能选题是独一无二的，世界首次，可创造性并不高，甚至没有什么价值。正因如此，在技术领域，专利法的规定就很全面、严谨，即发明必须同时具备新颖性（世界第一）、创造性（原理突破或重大改进）和实用性三个条件才能够授予专利权。

因此，科学家在科研选题时，应该将新颖性和创造性结合起来考虑，以保证科研成果具有较高的学术价值或应用价值。

创新性原则的目的是避免科学研究领域里的低水平重复，这一原则在中国具有特别的意义。现有科研管理制度、人员素质及其他非科技方面因素的影响，使中国一些科研人员违反学术道德的行为已达到相当严重的程度，其中就包括各种形式的低水平重复研究。

当然，在科研实践中，尤其是竞争激烈的科学前沿领域，各国科学家之间因互不了解对方的选题，加上相关研究在检索系统中处于空白状态而导致的重复研究有时是不可避免的。按科学界的惯例，这种各自独立的重复研究是可以接受的，他们的成果也都能够在学术刊物上发表（当然他们成果发表或提出的时间间隔一般是比较短的）。在科学技术史上，一些诺贝尔科学奖成果亦是这种类型的重复研究。例如，美国物理学家利奥·雷恩沃特和尼尔斯·玻尔的儿子阿格·玻尔各自独立且按相同的思路进行原子核壳层模型的改进研究，他们提出的模型称为集体模型（又称为“综合模型”）。阿格·玻尔和雷恩沃特凭此成果共同获得 1975 年的诺贝尔物理学奖。

在创新性原则问题上，中国一些学者、教师和学生存在一种不太准确的认识，认为课题要具备创新性，就必须有难度，创新度越高，难度也越高。事实上，这种认识并不符合科研的实际情况。因为科研成果的评价主要侧重于它的学术价值、科学意义、重要性、影响力等方面，而与智力上的难度无关。科学技术史中，一些重大成果，包括相当多的诺贝尔科学奖成果并不在于智力上的难度，如江崎玲于奈的电子隧穿效应、居里夫人钋元素的发现、宇宙微波背景辐射的（偶然）发现、德布罗意的“波粒二象性假说”（指其中的数学推导）等都属于这种情况。对于科研创新的内涵与特点问题，我们在第七章“诺贝尔奖得主科研创新的特点”中将进行更加详尽的分析和探讨。

四、前沿性原则

科研选题的前沿性原则是指，应该首先到科学技术的最新研究领域、最新探索热点中选择待解决的问题。一般说来，符合前沿性原则的科研选题往往具有较高的新颖性和创造性，其最终成果的学术价值也往往较高、科学意义也较大。从国际科学共同体评价成果的标准与习惯上看，前沿与热点领域里选题的论文容易受到学术界的关注和重视，发表时也会被学术期刊优先选用。从科学研究活动特有的探索性和不可预知性角度看，在最新的前沿领域里，面对未被解决的新问题，一位年轻的研究人员与一位资深的科学家甚至学术权威，完全处于同一起跑线上。有时候，资深的科学家受旧理论、旧思想的影响，反而阻碍其提出大胆创新的观点；年轻研究人员“初生牛犊不怕虎”的精神和没有教条干扰的优势，却能够使他们取得重大的突破。这也是科技领域有许多年纪很轻的科学家①能够获得诺贝尔奖的原因所在。

下面我们以 2000 年的诺贝尔物理学奖成果——双异质结室温连续半导体

---

① 历史上最年轻的诺贝尔科学奖获得者是英国物理学家威廉·劳伦斯·布拉格（Sir William Lawrence Bragg，1890~1971），获奖年龄是 25 岁。

激光器的发明进行说明。

异质结半导体激光器起源于异质结半导体晶体管的研究，由于许多科学家预计这种晶体管具有优异的性能，所以自然都想到研制异质结半导体激光器，特别是双异质结半导体激光器。20世纪50年代，各国科学家纷纷进入这一最前沿的领域，导致竞争十分激烈。为抢占市场先机，日本两位研究者于1957年在技术方案不成熟的情况下匆忙申请了专利。

1963年，苏联约飞物理技术研究所的阿尔费罗夫（Zhores Alferov）、卡扎里诺夫（R. Kazarinov）和美国的克勒默（Herbert Kroemer）各自独立地提出了双异质结室温连续半导体激光器的技术原理。苏联科学家于1970年5月研制成功，比美国贝尔实验室的科学家还早一个月。阿尔费罗夫、卡扎里诺夫的成就得到西方科学界的广泛赞誉。

可以看出，前沿领域的科研课题易受科学界的关注，往往其重要性也很大，研究成果一般具有重大的价值，因此课题容易获得国家或科学基金的资助。当然，前沿领域的竞争也很激烈，参与者不一定都能够获得有价值的成果。即使获得成果，由于各种社会因素的影响也可能拿不到诺贝尔科学奖。例如，诺贝尔科学奖的评选规则规定（此规定源于诺贝尔生前的遗嘱），每个学科每年最多有三名获奖者，显然第四名以后的贡献者就和诺贝尔科学奖无缘了。上面提到的异质结半导体激光器研究，其实还有十几位的科学家做出了各自的贡献，但他们却无法得到应有的荣誉。

即便如此，世界各国的科学家们仍然愿意在前沿领域进行探索，因为相当多的科学家并不仅仅是为了获诺贝尔科学奖才从事科学研究活动的，可能是为了满足个人的好奇心或者国家发展的需要等。优秀的科学家往往不惧怕激烈的竞争，反而从竞争中得到特殊的、心理上的满足和愉悦。

五、价值性原则

科研选题的价值性原则是指，选择课题时应该考虑到问题的学术价值或应用价值。价值性原则和前面的需要性原则有交叉的地方，因为满足需要性原则的课题一般多少是有价值的。但在高层次科研领域和一些专门学科，价值性原则和需要性原则仍然应该区分开来，其中的原因在于，满足需要性原则的课题可能不具有高的学术价值。另外，不太满足需要性原则或暂时不能满足需要性原则或暂时看不出需要性的课题，可能具有极高的学术价值，如物理学领域里爱因斯坦的大统一理论研究、纯粹数学领域里的罗巴切夫斯基的非欧几里得几何学等。

在世界各国的科学界，科研课题的价值往往更受研究人员的关注，相对来说也显得更为重要一些。例如，国际著名综合性杂志《科学》在其官方网站上列出的原创性论文的标准是，论文“揭示的思想对科学共同体具有广泛的重要性”（For original research，the common thread is that the work should reveal novel concepts of broad importance to the scientific community，http://www. sciencemag. org）。可见，这一标准和价值性原则紧密相关。

但在现实的科研活动中，要准确判断一个科研课题价值的高低相当不易。此外，学术权威的干预、对立学派的相轻，甚至个别学者科研道德低下等影响因素的客观存在，使得对科研选题价值问题的评判更加复杂。在历史上，有的获诺贝尔物理学奖的成果，当初研究者申报时，也因为评审专家看不出课题的科学价值与重要意义而遭否决。

1952 年，美国物理学家唐纳德·格拉泽（Donald A. Glaser，1926~2013）向美国国家科学基金会（NSF）申请 2500 美元开展高能粒子探测设备——“泡室”的研制工作。当时已有的粒子探测设备主要是云室和核乳胶技术，这两种设备分别由英国物理学家威尔逊（C. T. Wilson，1869~1959）和鲍威尔（C. F. Powell，1903~1969）发明，且两人分获 1927 年和 1950 年的诺贝尔物理学奖。

云室与核乳胶技术虽然在探测低能粒子时很有效，但对高能粒子无能为力。物理学家必须发明高密度、大体积的新型探测器，且新型探测器记录速度要更快、拍摄径迹要更长，同时还要克服核乳胶技术无法准确判断中性粒子和事件对应的缺陷。

格拉泽的设计思想来源于啤酒瓶盖打开后，由于压力减少而产生气泡的现象，其具体设想是，让气泡室内的透明液体，如液氢等，在特定温度下突然减压而使其处于过热但不马上沸腾的亚稳态，这时如有高能粒子通过液氢，就会在其穿过的路径上引起局部沸腾并产生气泡，从而显示出该粒子的径迹。科学家通过观测拍摄到的径迹的长短及粗细等数据就能分辨出粒子的种类。

遗憾的是，NSF 的评审专家却以技术设想不成熟为由，否定了格拉泽的课题申请。无奈的格拉泽只得自己想办法筹资进行实验，最终于 1952 年研制成功。泡室观测粒子的效率是云室的 1000 倍，在高能物理实验中发挥了重要作用。格拉泽因此获得 1960 年的诺贝尔物理学奖。

由于评审专家眼光的局限，有些极具科学价值的课题申请可能会被否决。为了避免类似事情的发生，同时鼓励科学家提出创新的研究课题，NSF 后来实行了以下措施。第一阶段，设立每项课题 3 万美元的竞争性奖励资助，以支持各类具有高创新度的课题。第二阶段对那些已取得高水平研究成果的课题再进一步追加资助，这样就能保证有创意的课题得到第一阶段的少量资金资助，一旦取得进展，则会获得第二阶段更高强度的资助，最终完成研究并取得预期的科研成果。当然，那些在第一阶段未获高水平成果的课题将无法得到第二阶段的资助。

由此可见，只有在各个层面制定出完善的科研管理措施，并且国家的经济实力比较雄厚才能尽量避免有价值的课题被埋没。

六、可行性原则

科研选题的可行性原则是指，选择课题时必须考虑科研人员个体或科研团队整体的知识结构、科研水平、研发能力，以及客观的科研辅助支撑条件，如资料数据、实验设备、经费来源等。同时，有些科研选题，尤其是军事科研方面的选题还必须考虑国家法律、法规或国际条约的相关规定等问题。

显然，只有符合可行性原则的选题才可能经过努力获得成功；反之，虽然符合上述的其他选题原则，却没有可行性或可行性很低，那结果往往是无功而返，没有多大的收获。

对于科学领域的理论探索类研究，可行性原则应该侧重于研究人员的科研水平、研发能力方面，因为理论探索类课题主要是运用数学推导、资料分析等手段进行研究，科研经费的需求相对来说要少。例如，物理学领域的大统一理论的研究就应该考虑可行性原则，尽管这一课题的科学意义和价值都很大，并且弱电统一理论已经获得了诺贝尔物理学奖（1979 年由温伯格、萨拉姆和格拉肖三位理论物理学家共享该奖），但由于大统一理论的探索难度非常大，许多科学家都无功而返。爱因斯坦晚年在普林斯顿大学高等研究院将其全部精力投入这一课题的研究也未获成功。因此，当代的科学家要选择这个课题进行研究时就必须考虑自己的各方面条件是否具备，否则可能一生也解决不了这个难题。

对于技术开发类的课题，可行性原则应该侧重于技术原理的科学性、可靠性及科研辅助支撑条件，尤其是科研经费的满足条件方面。这是因为技术开发需要进行大量的实验工作和系统试车工作，没有充足的经费保证是根本不行的。与此对应，正因为技术开发要投入大量经费，所以就必须首先保证技术原理是没有问题的，否则很可能失败，浪费宝贵的资金。

在西方发达国家，尤其是美国，存在着许多风险投资基金（也称作“天使基金”，许多是自然人投资者），对那些高技术领域的创新项目进行商业化投资。

这些天使基金对项目的技术原理的科学性、可靠性的要求往往较低，自然就面临较大的风险。但风险和收益是成正比的，一旦成功通常获利几百、上千倍。天使基金的运作在美国已经有十分成熟的模式：天使基金搜寻合适的项目（或技术研发者主动上门推介）→ 协商谈判股权比例（时间往往很短，投资人可能一小时内就做出投资决定）→ 资金支付→ 技术研发→（成功后）在纳斯达克股票市场上市 → 天使基金卖掉原始股票（通常获利巨大）→ 搜寻其他合适的项目……

事实上，我们熟悉的很多技术产品或技术服务，尤其是与互联网有关的一些重要技术都是获得天使基金资助后成功的，像早期的 Hotmail、晚些的“阿里巴巴”等。目前，天使基金的模式在发达国家仍然十分流行，这对创新度较高的技术项目的商业化作用极大。

上述科研选题的六大原则，同时也是科学家选题过程中应该综合、全面考虑的六大影响因素。在实际的科研活动中，由于各种内外条件的变化，选题也要进行相应的调整。例如，偶然性因素导致的机遇问题就是这样。

科研过程中的机遇，是指那些超出科研人员预期而偶然出现的各种情况，如偶然的发现、突发的事件等。在历史上，许多重大科学发现和科研成果都是在碰到机遇情况下取得的，且往往超出了原来科研选题的范围或领域。由此可见，在科研过程中，研究人员应该随时保持对偶然现象、偶发事件的高度警觉，并随时调整甚至改变原科研课题的研究内容或研究方向。这种情况在基础研究领域要比开发研究领域更加常见。

第三节　科学研究的类型与选题

按照国际学术界的习惯，科学研究往往做广义理解，即它不仅包括科学研究活动，还包括研究与开发活动（research and development，R&D）（陈士俊等，1994）。因此，世界各国通常以联合国教科文组织在《科学技术统计资料指南》中使用的科学研究的分类标准：基础研究（basic research/fundamental research/pure research）、应用研究（applied research）、开发研究（development research）。在百余年的诺贝尔科学奖成果中，基础研究、应用研究、开发研究的成果都有，具体包括科学发现、理论创新和技术发明。这些成果的研究和开发过程，体现出了其中科研活动的各种规律，值得深入分析和探讨。

一、基础研究的选题原则

基础研究是为了探索自然现象的内在本质和规律，扩展科学技术知识，增加人类对自然界的认识与了解而进行的创造性活动。基础研究最显著的特点是不考虑特定的应用目的，只为了把握研究对象的客观规律。一般而言，其研究周期较长，成果的最终形式大多是论文、研究报告、专著等。典型的基础研究有宇宙学、微观物质结构的基础理论等。

基础研究主要是探索类的理论分析工作，因此在选题时应该特别关注创新性、前沿性、价值性和可行性原则。还应该注意的是，由于基础研究的一些课题涉及复杂的数学工具，所以要求研究者具备相当高的智力水平，这一点研究者在选题时必须考虑。虽然在基础研究领域有个别课题难度很一般，成果也获得了诺贝尔科学奖，但绝大多数基础研究的课题对智力要求是很高的。而科技问题的难度是一种客观存在，如偏微分方程要比常微分方程难解，与代数方程相比，其难度就显得更高，并非人人都能够轻松地解出来。而有些高智力难度的科技问题，其复杂的数学推演和深奥的理论分析可能智力一般的人连理解也会存在一定的困难。

在科技领域，智力超群、极具天赋的科学家在世界各国都出现过，他们对科技发展有时起着不可替代的重要作用。而人在智力上存在高低之别也是客观现象，有时还是遗传因素决定的。比如中国的钱氏家族，族人聪慧敏思，家学源远流长（其祖上是吴越国王钱镠），历朝历代人才辈出。延续到近现代，仅在科学技术领域就涌现出像钱学森、钱三强、钱伟长、钱永健（钱学森堂侄，因GFP的研究获2008年诺贝尔化学奖）等世界一流的科学家。钱永健的父亲钱学榘毕业于上海交通大学，后与钱学森一起留学美国，曾任波音公司首席工程师；钱永健的兄长钱永佑是神经生物学家，曾担任斯坦福大学生理学系主任。两人分别获得过美国“罗德斯奖”和“马歇尔奖”，而且均是美国科学院的院士。

在国外科技界，天才式的杰出科学家也不乏其人。例如，苏联著名物理学家、1962年诺贝尔物理学奖获得者朗道（Lendau，Lev Davidovich），天赋过人、聪明绝顶。当他得知液态氦的超流动性现象后，很快用量子力学方程从理论角度做出了完美解释，而其他科学家则有的束手无策，有的惊叹怀疑①。有一次，

① 液态氦的超流动性是指温度在从极低温 4K 下降到 2K 时，出现的有趣现象：液氦能顺着玻璃瓶内侧从盖得很严的瓶子里逃逸出来，即黏滞系数近似为零。

他和几位同事乘车到郊外游览，不幸出了车祸。朗道头部受伤，抢救苏醒后，智商大降，从此再也没有做出一流成就。

有鉴于此，研究者首先需要对自身的条件与能力有充分的认识和了解，在此基础上，综合考虑科研涉及的各种因素后做出合理的选择。这样才能保证选题的可行性并最终获得成功。

另外，基础研究课题往往要求科学家具有强烈的好奇心和探索精神，科研管理部门应该认识到这一规律，在组织、配备相关科研力量时，必须考虑科学家个人的心理特点和专长，否则可能会事倍功半，影响科研课题的完成。

二、应用研究的选题原则

应用研究是为了针对某些特定的实际应用目的而进行的探索性研究活动，如围绕特定目的而获取新的知识，为解决实际问题提供科学的依据；为确定基础研究成果应用的可能性，探索新的技术原理等。典型的应用研究课题有核聚变研究、超导研究等。

因此，应用研究的成果具有明确的应用目的和应用前景，它往往是针对具体的领域而提出的。其成果一般是研究报告、论文、实验数据等。有些特殊部门的应用研究成果可能还有保密的要求，如美国航空航天局（NASA）委托大学进行的应用研究课题通常都是保密的，成果未经允许不能够公开发表。在中国，军方委托给大学的应用研究课题也是有保密要求的。

选择应用研究课题时，应该注意选题的针对性和（应用）价值性，同时还要考虑前沿性，否则做出的研究成果没有多大的超前性，应用价值就会大大降低。

在实际科研中，有些研究机构往往将基础研究和应用研究结合起来进行选题，目的是加速科研成果的转化速度，提高科研效率。特别是在当代科学技术一体化或说科学技术化、技术科学化趋势越来越明显的背景下，这种情况日益普遍。所以，作为科技人员也应该在研究过程中尽量将基础研究和应用研究结合起来进行探索。

应该注意的是，对有些科研课题，基础研究和应用研究的区分并不是特别明显，两者存在交叉的情况。例如，工业企业、军工部门研究人员从事的（定向）基础研究就是如此。他们的课题有明确的应用目的，具体研究内容却是某专门领域客观对象的一般规律和本质，可以说完全属于基础研究的范畴。因此，对基础研究和应用研究的区分不能过于呆板和机械。

三、开发研究的选题原则

开发研究是运用基础研究和应用研究的成果，从事技术发明、产品开发方面的研究。其成果多为物化形态的仪器设备或信息形态的设计图纸、工艺流程、电脑软件等。典型的开发研究有新型电脑集成电路的研发、GPS 研制等。

开发研究的特点是直接面向生产、军事、生活等领域的现实需要而进行专门设计、研发，目标十分明确。同时，这类研究往往有时间上的要求和科研成本方面的制约，因此自由度比基础研究和应用研究要小得多。

由于开发研究需要较高的经费投入，加之其最终成果往往具有法律上的财产权（专利、技术诀窍，即 know-how），所以此类研究大多由工业企业或独立的技术开发机构承担。

在选择开发研究选题时，应该着重考虑选题的需要性、价值性和创新性，这样的选题才能够获得科研管理部门的批准，最终成果进行商业性转化成功的可能性也较大。

科学研究的三种类型——基础研究、应用研究和开发研究在整个科研系统中的权重是有差别的，在某种意义上也可以说三者的影响和受关注度是不同的。一般情况下，开发研究受到的重视程度最高，占用的经费也最多。在特殊历史条件下，如战争时期，开发研究甚至成为科研活动的主要部分。

NSF 的统计数据表明，美国 2008 年全国的科研总经费是 3976 亿美元，基础研究、应用研究和开发研究分别占总经费的 17.4%、22.3%和 60.3%。开发研究占用了其中的大部分。

科研选题除了要考虑科学研究的不同类型，还要考虑R&D规划问题。这一点在“大科学”时代尤其应该重视。因为只有制订了科学、合理的R&D规划，科研选题才能够有的放矢，科研工作也才能够有计划地稳步推进。

R&D规划是指研究与开发工作的总体战略计划。R&D规划具有长期性、指导性和预见性的特点，在当代科学技术日新月异的背景下，R&D规划问题对科研工作显得更加重要。

按照美国著名智库斯坦福国际咨询研究所和兰德公司的分类，R&D规划一般按照所需解决问题的类型而分为三类。

（1）战略规划（strategic planning）。战略规划是最高决策层对本单位发展方向和战略目标进行通盘考虑后制订的，它能统率科研机构所有的科研计划和项目。战略规划的首要任务是确定科研目标和实现目标所需的资源及有关资源的配置、使用等管理政策和措施，同时它还包括调整现行科研工作和一些关键性的决策。

（2）纲领规划（program planning）。纲领规划也称为行动规划，它是将上述战略规划转化为具体的目标、政策、措施，并能够保证在规定期限内完成预定任务的行动规划。纲领规划把长远目标转化为具体的行动计划，以便科研机构在一定时期内达到预期的目的并取得预期的科研成果。

（3）作业规划（project planning）。作业规划又称为项目规划，它是指R&D部门具体的科研项目计划，其主要任务是将R&D各部门的短期科研目标与单位的总目标相衔接。作业规划的主要内容是制订实现规划的详细方案和计划。

R&D规划对当代科学技术的研发工作尤其重要。在科学与技术关系日益紧密的发展趋势下，制订R&D规划时必须考虑到以下因素。

（1）科学技术前沿的最新动态和发展方向。在科学技术前沿课题的研发过程中，需要及时吸收、借鉴科学理论的最新成果，因此在制订规划时，必须对科学前沿的最新动态和发展方向有清晰的了解，必要时还需对一些专门学科或领域进行预测，这样才能保证规划的科学性和先进性。

（2）本单位科研人员的学科、专业构成状况。科学技术前沿课题的研发涉及多种理论与应用学科和专业，因此在制订规划时，必须考虑本单位现有科研人员的学科、专业构成情况，以便能够形成协作优势。否则，将使规划难以落实。

（3）实验室装备的水平。由于科学技术前沿课题的研发过程需要高水平的实验仪器装备进行探索、分析和试验工作，所以制订规划时必须考虑到本单位实验室装备的条件。这样才能保证科学技术前沿课题的研发有坚实的实验基础。

（4）科研投入的强度。科学技术前沿课题的研发需要相当雄厚的资金支持，制订规划时必须落实资金来源问题，以便保证研发工作能够不间断地进行。

（5）国家的科学技术政策环境。一些科学技术前沿课题的研发，特别是与国家安全、生物工程、医药产品、环境保护等有关的科研项目，受国家科学技术政策的影响较大。在制订规划时，必须考虑可能出现的政策调整、法律限制甚至国际条约制约的情况，以便及时做出调整。

第四节　科技发展的周期与选题

科学技术的发展和生物物种的进化之间存在明显的类似模式。从总体上看，科学技术都是自简单的、原始的形态逐渐发展为复杂的、先进的形态。同时科学技术在进化过程中存在明显的周期发展规律，值得科研人员高度重视，这是因为在不同的科学技术的进化周期，科研的战略和战术选择是不同的。

一、科技发展的周期

从微观上看，科学（技术）是自概念（创意）到定律（方案）到理论（样品）再到预言（应用）直至新概念（新创意）……的循环演化过程，并且存在像生物个体一样的生命周期现象（无论是整个学科还是单个分支都是这样）。从哲学的角度看，科学（技术）是按照库恩提出的“范式更迭理论”，即从“前科学时期”（无技术规范）到“常规科学时期”（形成标准规范）到“科学危机时期”（技术规范落后）到“科学革命时期”（创立新技术规范）再到“新常规科学时期”（新标准规范）的循环发展，其进化过程十分明显。

应该注意的是，在上述明显的周期规律中，科学和技术在各自的周期里，其延续的时间是不同的。通过科学技术史的分析，可以看出，科学在各周期的延续时间要比技术长得多。

二、科技发展周期对选题的影响

在一定历史时期，科研人员的科学研究活动（广义理解，包括科学的探索和技术的开发）总是面对着处于某一特殊发展阶段的学科或理论，因此，科学研究必然要考虑科学技术的进化规律，把握其内在特征。显然，这对科技自主创新战略的选择有重大影响。也就是说，科学技术进化的某一特殊阶段决定了科研创新在科研选题、科研目标、突破方向、创新内容等方面的具体选择。这种选择具有战略意义，因为如果做出错误决定，就会损害国家和科研单位的科技发展事业。

从理论研究来看，如果科学是处于“常规科学时期”，那么科研选题主要集中在对现有理论的补充、改进及拓展分支学科等方面，而不应该选择试图推翻该理论、创立新理论的课题，原因是在“常规科学时期”，科学界已经形成并且接受了共同的“范式”，该理论的核心内容一般很难被推翻和抛弃。此阶段的科研目标只能够是完善原有的理论和扩大其应用的领域。在创新内容上，“常规科学时期”的科学研究，往往不是重大的突破性成果，而是改进型、应用型的非突破性成果。虽然如此，这种研究对科学进步仍然有着重要的作用和价值，因为它能够使全体科学家尽快完善该理论，同时拓展其分支学科、扩大其应用范围，并逐渐发现其不足、缺陷和错误，最终为创立新的科学理论准备条件。

在科学技术史中，17 世纪后半叶至 19 世纪末的牛顿经典力学是上述“常规科学时期”科学发展的典型代表。在 200 多年的时间里，牛顿经典力学在世界各国科学家的努力下不断完善，形成了流体力学、空气动力学、材料力学、天体力学、结构力学等众多的分支学科。时至今日，这些分支学科仍然在工程技术中发挥着作用。

显然，如果在“常规科学时期”，科研选题战略是选择进行突破性和否定性的科研选题和科研目标，则不可能获得有真正重大价值的成果，科研资源在某种程度上可以说是一种浪费。而在 “科学革命时期”，由于原有的理论无法解释新的众多实验发现，这时就需要进行突破性和否定性的科学研究，以形成新的科学范式。爱因斯坦的狭义相对论和广义相对论就是在这种背景下提出的。显然，“科学革命时期”的科研选题战略应该围绕突破性和否定性的科研目标来选择，突出革命性、飞跃性和原创性。否则，科学家将失去在前沿领域做出突破性、革命性重大科技成果的机会。

在技术开发领域同样也存在类似的规律。例如，以电力技术为标志的第二次技术革命兴起后，美国作为后起国家，其科研选题战略选择了突破型的原始创新，大力发展和广泛应用电力技术，从而使美国的工业技术水平和生产能力在较短时间内迅速超越英国、法国、意大利、德国等老牌资本主义国家。如果美国不是采取这一战略，而是仍然将第一次技术革命的成果作为科学技术发展和工业技术进步的目标，那么美国根本不可能从 20 世纪 20 年代开始取代德国的“世界科学中心”的地位。由此可见，科研选题战略必须结合科学技术进化所处的阶段来进行选择。

第五节　社会因素对选题的影响

科技系统是整个社会大系统的一个子系统，因此不可避免地会受到社会各种因素的影响。在特殊的历史时期里，这种影响十分巨大。20 世纪以来，科学进入了所谓的“大科学”时代，社会对科技诸多方面包括科研选题的影响日益增大。

一、国际因素

从国际层面来看，各国政府间或地区联盟间为了共同的利益往往会进行科技领域，特别是军事高技术领域的合作，从而对相关领域里科学家的科研选题产生直接影响。例如，美国、日本两国联合研制的新型隐形军舰项目，具体课题包括优化舰体外形和上层结构并采用隐形技术（据 2005 年 5 月 11 日《新京报》报道）。另据日本共同社报道，两国外交部门已就加强爱国者反导系统制造技术合作一事达成协议。在签署谅解备忘录之后，两国还决定就提高宙斯盾雷达系统开始进行联合研究。在导弹精确制导技术方面，美国、日本也达成了合作协议。这些协议的签署就直接决定了美国、日本相关科研机构的研究课题和方向。最近，日本和英国签署了联合研发军事装备的协议，初期项目是化学防护装备，这种国家间的协议签订后，就直接决定了相关科研机构的科研选题。

类似地，出于地缘政治的考虑，欧盟各国也在许多军事高技术领域加强了合作，涉及的课题包括航空、航天、核武器、高速计算机、通信、新材料等诸多领域。改革开放后，尤其是近年来，中国政府和国外政府间也订立了许多科技合作协议，涵盖基础研究、应用研究、开发研究各种类型的科研课题，如环境保护、新能源、新材料、人造卫星、GPS 等。显然，这些合作协议的内容直接确定了科学家的具体选题。

另外，在国际政治层面上，在第二次世界大战中战败的一些国家在某些敏感的、关键的军事科研项目方面受到特殊的国际条约的限制，因此这些国家的科学家自然不能够选择相关课题进行研究。由于当代独特的国际政治因素，美国反对伊朗、朝鲜等国从事核反应堆的研究和开发，而对于通过核反应堆获得的氦元素的同位素和中子束射线，可以分别进行超导（超低温）和中子光谱学的研究，而后者在军用和民用材料科学领域具有极为重要的应用价值，相关的研究者——加拿大的布罗克豪斯凭此研究成果获得了1994年诺贝尔物理学奖。显然，美国的压制使得伊朗、朝鲜等国的科学家没有条件选择与超导和中子光谱学有关的科学研究和探索课题。

二、国家因素

从国家层面来看，政府一般通过科技法规、科技政策、科技规划、经费预算、资源调整和科研项目指南等方式对科研选题进行直接或间接的影响与干预。

例如，中国的“国家高技术研究发展计划”（863 计划），就具有典型性。该计划从世界高技术发展的趋势和中国的现实需要与条件出发，按照“有限目标，突出重点”的方针，选定生物技术、航天技术、信息技术、激光技术、自动化技术、能源技术和新材料技术共 7 个高技术领域作为中国高技术研究发展的重点（1996 年增加了海洋技术领域）。国家每年为 863 计划投入千亿元人民币以上的经费。

863 计划的实施，明确限定了科研课题的选择范围和重点，具体研究领域和主题如下。

（1）生物技术领域：优质、高产、抗逆的动植物新品种主题，基因工程药物、疫苗和基因治疗主题，蛋白质工程主题。

（2）航天技术领域：研究发展性能先进的大型运载火箭。

（3）信息技术领域：智能计算机系统主题，光电子器件和光电子、微电子系统集成技术主题，信息获取与处理技术主题，通信技术主题。

（4）激光技术领域。

（5）自动化技术领域：计算机集成制造系统主题、智能机器人主题。

（6）能源技术领域：燃煤磁流体发电技术主题、先进核反应堆技术主题。

（7）新材料领域：高技术新材料和现代科学技术主题。

（8）海洋技术领域（非首批）：海洋探测与监视技术主题、海洋生物技术主题、海洋资源开发技术主题。

专项研究项目主要有水稻基因图谱、航空遥感实时传输系统、HJD-04E 型大型数字程控交换机关键技术、超导技术等增强中国综合国力的相关技术。

国家年度的各类科研项目的选题则更加具体，有的还明确提出研究的目标，如“国家重点基础研究发展计划”（973 计划）、“国家重大科学研究计划”。2010 年度项目申报指南中发布的蛋白质研究领域的部分重要支持方向如下①。

（1）蛋白质生成、定位、转位、修饰及降解的分子机制。围绕蛋白质生成、定位、转位、修饰及降解的基本过程，重点研究它们发生的普遍规律和调控机制，以及它们与基因表达调控、细胞生长和凋亡、细胞异常增殖、细胞自噬、个体发育分化、个体衰老及疾病发生等的关系。

（2）蛋白质相互作用网络与信号转导。针对某种重要生理或病理过程，重

① www.863.gov.cn/017/index.htm.

点开展生物大分子复杂网络的结构及其动力学分析；开发整合基因调控网络、蛋白质网络、代谢网络和信号转导网络的计算生物学方法。

（3）重要蛋白质、蛋白质复合物及膜蛋白的结构与功能。重点研究与能量转换和膜转运相关蛋白质、受体蛋白及通道蛋白，以及与真核基因表达调控、DNA 损伤修复、氧化应激、神经信号转导相关的蛋白质及其复合物的结构及调控机制，同时关注上述蛋白质及复合物三维结构与生理功能和疾病发生过程的关系。

…… ……

（7）蛋白质及配体分子大规模制备和高容量公共资源库的建设。大规模、系统性地收集、制备和建立若干重要物种（含人类）的全长 cDNA 库、蛋白质库、抗体库，建立与之相关的多糖、多肽、核酸、天然及合成小分子化合物等蛋白质配体分子公共资源库。

（8）依托国家重大科学设施的蛋白质研究。依托国家重大科学设施，发展：高通量和高精度的同步辐射数据收集、处理和结构解析系统；基于高亮度光源的微小晶体的结构测定技术；探索高效的蛋白质结晶和晶体衍射质量改善的新技术方法；核磁共振、顺磁共振、小角散射和计算生物学相结合的结构解析和动力学研究技术等，完成一批蛋白质、蛋白质复合物及蛋白质-核酸复合物的结构与功能研究。

在美国，政府也通过各种政策和措施对科研选题和科研目标施加影响。例如，美国政府于 20 世纪 80 年代中期开始在大学设立国家工程研究中心、国家超级计算机中心和国家科学技术中心，以促进政府科研机构与大学及产业界的合作，加快成果向企业的转移。国家工程研究中心由 NSF 资助成立，预计建立 25 个。这些中心侧重于将科学成果应用于工程开发与设计，以寻求先进的制造技术。其主要研究领域为制造和设计，材料制造加工，光电子、微电子和通信，生物加工和生物医学工程，资源回收和应用，基础设施和环境六大方面。已成立的工程研究中心有一次成型制造工程研究中心（俄亥俄大学）、工程设计研究中心（卡内基-梅隆大学）、先进燃烧工程实验室（犹他大学和杨百翰大学）、系统研究中心（哈佛大学和马里兰大学）、微电子学机器人系统工程研究中心（加利福尼亚大学圣巴巴拉分校）、电信研究中心（哥伦比亚大学）、智能制造系统工程研究中心（普渡大学）等。

美国国家超级计算机中心由 NSF 资助 2 亿美元设立，共有 5 个，分别在伊利诺伊大学、普林斯顿大学、康奈尔大学、加利福尼亚大学及加利福尼亚大学圣迭戈分校。这些中心主要是为提高美国大学的科学与工程计算能力，以提高工业制造与工程设计的水平。超级计算机中心已配备 CrayX-MD-48 型和 Cyber 205 型大型高速计算机，今后还将建立全美超级计算机网，为更多的大学和工业企业服务。美国国家科学技术中心是由联邦政府资助从事跨学科的科学、工程方面研究的机构，主要领域为工业界需要的应用与开发研究。这些中心均设在大学，总数将达 80~100 个（约翰·阿利克等，1999）。

美国国防部虽然不能直接干预承包商的技术开发和生产活动，却可通过对承包商的“建议方案”（实验阶段）和招标书的采纳与否来影响企业的科研方向和科研项目。同时，对一些重要的军事技术的开发，国防部还利用多家企业的竞争来获得最佳设计，这对承包商都能起到调控作用。

苏联发射第一颗人造卫星的第二年（即 1958 年），美国国防部为促进涉及武器及装备的前沿技术领域的超前性探索工作，成立了独立于陆海空三军的“高级研究计划局”（ARPA），后改称为“国防高级研究计划局”。该局没有自己的实验室，却可以对那些对军事武器有重要影响的研究项目或可能带来重大技术突破的前沿领域进行资助（由大学、工业企业或军方科研机构承担）。因此，该局的角色类似于政府科技管理部门。与此类似的机构是里根总统时期设立的“战略防御倡议局”（后被并入国防部的相关组织机构中）。

另外，美国国防部通过提供科研经费的方式，影响美国大学的基础研究项目选题。据 NSF 的统计，国防部基础研究经费的 57%由美国大学获得。

在现代世界，科学技术作为提高军事实力、提升经济竞争力和增强综合国力的主要手段，已经受到各国政府和企业的高度关注和重视。历史和现实均表明，在国际政治、经济、军事等重要领域里的国家目标的实现，在相当大程度上依赖科学技术的研究能力和水平，因此，科研选题战略的选择和国家目标紧密相关，并受后者的影响。这种影响集中表现在创新类型的选择上，如是注重原始创新，还是依靠引进、消化和改进创新；对科研重点的确定、科研项目的选择，以及科研力量的安排、科研经费的分配等方面也存在直接的影响。

从历史上看，第二次世界大战后的美国为了满足在航空航天、半导体、电子计算机、遥感、激光等重要军事技术领域和苏联开展全面竞争的需要，确立了以原始创新为主的科研选题战略。也就是说，美国当时的国家目标是保持自己在军事技术竞争中的优胜地位，因此必须在相关的科学技术领域具备很强的、世界一流的原始创新能力。相反，第二次世界大战后的日本受制于战败国军事工业的法律规定，不能够进行攻击性武器和大规模杀伤性武器的研制与开发，加之其科学研究的整体实力落后于欧美等发达地区和国家，因此其科研选题战略是选择引进、消化和改进创新为主，尤其注重产业技术的引进、完善和提高，而非像美国那样的原始创新。这说明日本当时的国家目标是发展经济，通过引进国外成熟的现有技术、半成熟的专利技术或未成熟的“种子技术”进行不断的吸收、消化、完善工作，最终提高自己在工业技术领域的竞争力，实现经济实力的迅速增长。

由此可见，第二次世界大战后，美国、日本的科研选题战略均是考虑了国家目标而进行的选择。而且历史事实已表明，美国、日本当时的科研选题战略都十分成功。美国自 20 世纪 60 年代末至 80 年代，在航天技术、电子计算机、通信技术、半导体材料、集成电路、遥感、核技术、激光、生物技术及相关的科学领域全面超越了苏联，取得了以“阿波罗”飞船载人登月成功为代表的辉煌科技成就。而日本在同一时期，运用引进、消化和改进创新战略，大大提升了自己在许多重要民用工业领域里的实力和水平，其电子产品、电脑芯片、汽车、数控机床、数码相机、手机等产品在 20 世纪 80 年代后几乎占领了全世界的主要市场，获得了丰厚的利润并对美国的经济形成极大的挑战。

20 世纪 80 年代末，随着苏联的解体，“冷战”结束，美国的国家目标转向了增强产业技术实力和提高经济竞争力，以应对日本、联邦德国的挑战，这时美国的科研选题战略改变为在力争保持原始创新优势的同时，大力增强民用工业技术的改进与提高创新。时至今日，虽然美国传统产业日益萎缩，并且爆发了严重的金融危机，但并未影响美国新的科研选题战略的成效，在网络技术、信息技术、生物技术、新材料技术、新能源技术、电脑芯片等高新技术领域，美国仍居世界首位，并且将有关技术向其他产业技术领域推广和扩散。与此同时，美国工业界和科技界正在积极将新一代的创新技术，如纳米技术、量子信息技术、超高速计算机技术、空天飞行技术等应用于现有的产业领域，以保证其工业在未来的优势地位。

而在同一时期，日本也开始对自己的科研选题战略进行重大调整。其原因在于，日本原先的引进、消化和改进创新战略虽然使得自己获得了产业上的巨大竞争力，且对美国和西欧一些国家的产业形成威胁，但导致了日本与这些国家尤其是与美国自 20 世纪 80 年代末开始发生了众多的技术纠纷和贸易摩擦。这使日本政府和工业界深刻地认识到，只依靠别国的原始创新技术发展工业不是长久之计，因此，日本的科研选题战略由此从引进、消化和改进创新为主转向以原始创新为主，日本政府甚至提出“50 年获得 30 项诺贝尔科学奖”的基础研究的目标。近 20 年来，日本经济增长乏力，政府财政吃紧，但即使在这种情况下，日本仍然对那些有可能影响未来工业发展的新一代创新技术，如超导技术、纳米技术、量子信息技术等投入大量资金予以支持。

三、单位（科研机构）因素

从单位层面来看，不同科研单位的管理措施和传统等将对选题产生直接影响。在此我们以中国开发导弹技术为例说明这一点。钱学森在 1956 年担任导弹研究院院长，同时任第一枚短程导弹“东风 1 号”的总设计师时，作为科研人员和技术总负责人，钱学森的科研选题集中在仿制苏联的 P-2 型地对地近程导弹的开发设计研究上，而作为最高国防科研管理工作领导人的聂荣臻元帅却感到钱学森的选题思路存在不足之处，科研整体效率不高。经过深入思考，聂荣臻元帅向钱学森提出了“科研三步棋”的选题办法。也就是在研制导弹过程中，大部分力量用于仿制苏联的 P-2 型地对地近程导弹（属于开发研究），与此同时应该安排一部分力量进行中程导弹的试验研究（属于应用研究），另外，还要再安排少部分力量进行远程导弹的前期探索和理论研究工作（属于定向基础研究）。这样，三种不同类型导弹的研制与探索工作可以齐头并进且相互支撑。P-2 型近程导弹仿制工作完成后，近程导弹的科研人员可以马上接手中程导弹研究人员已经发现的问题，并共同攻关。此时科研目标十分明确，从而大大缩短了研制的时间。同时，进行远程导弹前期探索和理论研究的科学家，又可以将国内外最新的科研成果应用于中程导弹的研制上，从而提高中程导弹的技术水平。聂荣臻元帅“科研三步棋”的管理思想，其核心是将开发研究、应用研究和基础研究紧密接合起来构成一个完整的科研系统，相互联系、相互促进，最终达到加快科研进度、提高科研水平的目的。这一管理思想被实践证明极为科学、有效，使钱学森等导弹专家十分佩服。后来，“科研三步棋”管理思想被应用到所有的国防技术项目上，成效十分显著。这充分说明，单位的科研管理措施和办法直接影响科学家的选题。

在西方国家，也存在科研机构的管理措施影响科学家选题的情况。例如，著名的贝尔实验室，在隶属美国电话电报公司（AT&T）时，科研经费充足，因此其研究人员有条件选择一些定向基础研究的课题，包括数学、物理学、材料科学、行为科学和计算机编程理论等。正因如此，贝尔实验室自成立以来，共有 6 项成果获得诺贝尔科学奖。

1996 年，贝尔实验室及 AT&T 的设备制造部门脱离 AT&T 成为朗讯科技。由于其母公司阿尔卡特朗讯连年亏损，经费短缺，不得不要求朗讯科技退出基础科学、物理科学和半导体科学的研究，而将课题集中于更能带来市场利润的技术领域，如互联网络、高速电子学、无线技术、纳米技术和软件等。显然，这种管理方面的要求必然对研究人员的选题产生重大影响。

另外，美国工业界的大型企业为了充分利用大学最新的科研成果，并加速成果的商品化过程，便与美国的一些著名大学合作进行科技开发。其方式多种多样，如由 NSF 支持的“产业–大学合作研究项目计划”，具体课题由大学与企业共同提出，或者由一方提出而由双方共同承担。还有由 NSF 提供前期资助的“产–学合作研究中心”，针对某一行业带有普遍性的问题进行探索，以及其他单独项目的双边合作协议等。这些管理层面的因素都会影响大学科研人员的选题，即必须考虑工业企业的应用需求。

第三章
观察（实验）方法

科学技术史中那些获得诺贝尔科学奖的重大观察成果的成功模式（途径），可以为当代的科学研究提供非常有益的借鉴和参考，因此十分值得我们进行详细的归纳和总结。现有的科学技术史和相关的资料对诺贝尔科学奖的观察成果往往只是简单的介绍，未从方法论视角对其进行分析和探讨，有所欠缺。而传统的科学方法论仅仅从宏观角度对观察方法进行研究，线条过于粗放，细节不足，因此对科研人员的启发和参考价值不明显。

另外，随着观察仪器和电子计算机的结合在科学研究活动中已经日益普遍，“计算机辅助观察方法”成为一种新颖和重要的手段，应该引起研究人员的高度重视，有关问题涉及科技哲学理论，值得认真分析和探讨。

在现代科学研究中，实验方法和观察方法往往紧密相连，有时候还结合为一个整体共同完成获取科学事实的任务。可以说，观察依赖于实验，实验离不开观察。但两者既有联系，又有一定的区别。从相互联系的角度上看，观察和实验的目的，都是探索自然界的奥秘，都是人们有目的、有计划地认识自然的科学研究和探索活动。因此，两者是相互依存的。一般来说，观察是实验的前提，实验则是观察的验证。随着技术和科学的发展，观察和实验相结合的整体化趋势已经越来越明显。二者的区别是，实验方法通常优于一般的观察方法，它克服了纯粹观察方法（也叫自然观察方法）的局限性，大大加强了人们获取感性材料和科学事实的能力和效率。

如果从程序角度看，观察方法和实验方法的相似性是很高的，因此获得诺贝尔科学奖的重大实验成果的成功模式和重大观察成果的成功模式是基本相同的。为避免重复，本书内容不再对获得诺贝尔科学奖的重大实验成果的成功模式进行总结和归纳，有关内容可以参考观察方法的相关分析内容。

第一节 诺贝尔奖观察成果的成功模式

科学技术史中的重大科学观察成果对科学的发展与技术的进步有着不可或缺的重要作用，这些观察成果奠定了科学技术进一步研究与深化的基础，同时扩大了人类的认识视野。通过对科学技术史的考察和分析，我们发现获得诺贝尔科学奖的重大科学观察成果（或重要性在科学技术史中等同于诺贝尔科学奖的重大科学成果）存在明显的若干种成功模式。

一、偶然机遇模式

这种模式在科学技术史和现当代科研活动中十分常见，案例颇多，说明偶然因素对科学观察有很大的影响。偶然机遇模式的广泛存在，表明观察过程中会遇到事先无法预料的多种偶然因素，因此研究人员必须保持敏锐的洞察力，高度细心，以抓住难得的机遇。从哲学视角看，科学观察过程中偶然因素的存在，表明自然对象处于一个复杂的系统之中，而在某个历史时期，科学家却不了解一些特殊因素的存在，从而导致偶然发现。同时，偶然因素的存在还说明自然对象及其环境中的各种因素存在着相互联系和影响，科学家即使想消除也不可能做到百分之百消除，总是有某个因素在某些观察环节“突然”出现，这就形成了偶然发现。

由此可见，科学观察过程中的各种偶然因素的存在有其内在的依据，在任何科学观察活动中都不可能完全避免，科学家不应该对这种偶然因素产生反感，而应该将其看作能够带来重大科学发现的机遇。

获得诺贝尔科学奖的重大科学观察成果中符合偶然机遇模式的典型案例如下。

（一）青霉素

获得 1945 年诺贝尔生理学/医学奖的成果——青霉素就是科学技术史中偶然机遇模式的典型案例。1928 年夏，英国著名细菌学家弗莱明（Alexander

Fleming，1881~1955）外出度假 3 周后回到实验室时，偶然看到一个与空气意外接触过的金黄色葡萄球菌培养皿中长出了一团青绿色真菌。他用显微镜观察这个培养皿时发现，真菌周围的葡萄球菌菌落已被溶解。这表明真菌的某种分泌物能抑制、杀死葡萄球菌。经过仔细研究，弗莱明发现上述真菌为“青霉菌”，于是他将其分泌的抑菌物质称为青霉素。

遗憾的是，弗莱明一直未找到提取高纯度青霉素的方法。1939 年，弗莱明将菌种提供给准备系统研究青霉素的澳大利亚病理学家弗洛里（Howard Walter Florey，1898~1968）和德国生物化学家钱恩（Ernst Boris Chain，1906~1979）。通过艰苦的实验，弗洛里和钱恩终于用冷冻干燥法提取出了青霉素晶体。青霉素之所以具有杀死病菌又不损害人体细胞的功能，是因为青霉素所含的青霉烷能使病菌细胞壁的合成发生障碍，导致病菌溶解而死亡，但由于人和动物的细胞没有细胞壁，所以不受影响。青霉素的发明开创了抗生素研究的新领域，对人类的健康贡献极大。

（二）GFP

获得 2008 年诺贝尔化学奖的成果——GFP 的研究过程中也出现过偶然机遇，为下村修发现检测钙的一种新方法铺平了道路，在生物学研究领域十分有效。

1962 年，下村修和美国普林斯顿大学的弗兰克·约翰森用学名为 Aequorea victoria 的水母进行分离纯化水母中发光蛋白水母素的实验。有一天，下村修用水母提取完发光蛋白后，他把产物倒进水池里，关灯后临出实验室门时，下村修偶然回头看了一眼水池，结果发现水池闪闪发光。由于水池中也接受养鱼缸的水，于是他猜测是鱼缸水中的成分影响了水母素。不久，他就确定是水中的钙离子增强了水母素的发光功能。1963 年，下村修和约翰森在《科学》杂志发表了钙和水母素发光关系的论文。其后，里奇韦和阿什利提出可以用水母素来检测钙浓度，创造了检测钙的新方法。钙离子是生物体内的重要信号分子，水母素方法成为第一个有空间分辨能力的钙检测方法，是目前仍在使用的方法之一。

二、验证（否证）假说模式

这种模式在科学技术史和现当代的科研活动中也比较常见，案例也很多。

著名的有验证爱因斯坦广义相对论关于光线经过恒星会发生偏折和否证“以太”存在的迈克耳孙–莫雷实验等。

科学观察中的验证（否证）假说模式在现代科学研究过程中是比较普遍的一种模式，类似于科学实验中的判决性实验。这种“判决性观察”的特点是，观察的目标通常是经过科学家精心挑选或设计出来的。这类模式存在的根本原因在于，自然界各种现象、事物之间有着明确的因果关系，而且这种关系可以通过观察被科学家准确地把握，从而验证或否证科学假说。

获得诺贝尔科学奖的重大科学观察成果中符合验证（否证）假说模式的典型案例如下。

（一）光线经过恒星偏折

光线在通过大质量物体时会发生弯曲，这是广义相对论的一个重要预言。英国著名天文学家爱丁顿对检验广义相对论关于光线弯曲的预言十分感兴趣。为了在 1919 年 5 月 29 日发生日全食时进行观测,英国组织了两个观测远征队。一队到巴西北部的索布拉尔（Sobral），另一队到非洲几内亚海湾的普林西比岛（Principe）。1919 年 11 月 6 日，爱丁顿宣布光线按照爱因斯坦所预言的方式发生偏折。

到 20 世纪 60 年代初，科学家们开始确信太阳对星光有偏折，并认为爱因斯坦预言的偏折量比牛顿力学所预言的更接近于观测实际。1973 年 6 月 30 日的日全食时，科学家对所有的观测量进行了分析，得到太阳边缘处星光的偏折是 1.66″±0.18″。这一结果再次证实广义相对论的预言比牛顿力学的预言更符合观测。但是难以排除已经提出的布兰斯–迪克理论（Brans-Dicke Theory，这是 20 世纪 60 年代初的一种新的引力理论。该理论也预言星光会被太阳偏折，偏折量比广义相对论预言的量小 8%。为了判别广义相对论和布兰斯–迪克理论哪个更符合观测结果，对观测精度就提出了更高的要求）。

1974~1975 年，科学家利用甚长基线干涉仪，观测了太阳对三个射电源的偏折，最后得到太阳边缘处射电源的微波被偏折 1.761″±0.016″。终于天文学家以误差小于 1%的精度证实了广义相对论的预言[①]。

---

① 光线弯曲不是广义相对论独有的预言。早在 1704 年，支持光微粒说的牛顿就提出，大质量天体可能会像弯曲其他有质量粒子的轨迹一样，使光线发生弯曲。一个世纪后，法国著名科学家拉普拉斯也独立地提出了类似的看法。1804 年，德国慕尼黑天文台的索德纳（Johann von Soldner，1766~1833）把光微粒当作有质量的粒子，然后根据牛顿力学预言了光线经过太阳边缘时会发生 0.875″的偏折。但是在 18 世纪和 19 世纪光的波动说逐渐占据上风，牛顿、索德纳等的预言被科学家逐渐忽略。

（二）否证“以太”存在

迈克耳孙和莫雷于 1887 年设计的一个旨在检测作为绝对参考系的以太的光学实验，试图用光干涉仪检测到地球穿过以太的运动。在这之前，有些科学家将电磁波视为以太振动的传播过程，以太是传播电磁波的媒质，它就是一个静止的、绝对参考系。地球显然并不绝对静止，而以一定速度 v 相对于以太运动，因此地面上的光源向不同方向（如和地球运动方向相同、相反或垂直）发出的光线对地面应具有不同的速度。为了检验这种认识正确与否，迈克耳孙和莫雷设计了具有高精确度的干涉实验仪器，比较光线在平行和垂直地球运动方向上的速度，以检测地球相对于绝对参考系的运动。观测结果表明，真空中的光速与参照系无关，与方向也无关，是一普适常数。由此，宣告了“以太”是不存在的。

1904 年，荷兰物理学家洛伦兹提出了著名的洛伦兹变换，用于解释迈克耳孙–莫雷实验的结果。根据他的设想，观察者相对于以太以一定速度运动时，长度在运动方向上发生收缩，抵消了不同方向上由以太所造成的光速差异，这样洛伦兹就在不抛弃以太概念的前提下解释了迈克耳孙–莫雷实验的结果。

1905 年，爱因斯坦在抛弃以太以光速不变原理和狭义相对性原理为基本假设的基础上建立了狭义相对论。狭义相对论认为空间和时间并不相互独立，而是一个统一的四维时空整体，同时也不存在绝对的空间和时间。在狭义相对论中，整个时空仍然是平直、各向同性和各点同性的。结合狭义相对性原理和上述时空的性质，爱因斯坦独立地推导出了洛伦兹变换，现在科学界习惯上将其称为“爱因斯坦–洛伦兹变换”。

三、假说预测模式

这种模式在科学技术史和现当代科研活动中也十分常见，案例也颇多。这类模式的特点是，观察是在最新的科学假说或理论的预测（预见）基础上，对自然现象进行的有目的的观察活动，往往通过比较复杂的设计才能够实现。

假说预测模式的最大特点是，需要观察的最终结果是非常明确的，即它就是科学假说中预言的结论，而且这种预言往往是具体的数据或现象，因此科学家通常都能够得出确切的肯定或否定的结论。在这一点上，这种模式和上面的验证（否证）假说模式是相同的。

获得诺贝尔科学奖的重大科学观察成果中，假说预测模式的典型案例如下。

（一）中子星

1932年发现中子后不久，苏联著名物理学家朗道就预言可能存在全部由中子组成的高致密星。理论计算表明，典型中子星的外层为固体外壳，厚约1千米，密度高达惊人的10^{11}克/厘米^{3}以上，由各种原子核组成的点阵结构和简并的自由电子气组成。

1967 年，英国射电天文学家休依什和贝尔等发现了脉冲星。不久，就确认脉冲星是快速自转的、有强磁场的中子星。

脉冲星是我们银河系内的天体，距离一般都是几千光年，最远的达 55 000 光年左右。中子星从发现至今，不论在推动天体演化的研究方面，还是在促进物质在极端条件下的物理过程和变化规律的研究方面，都已经为科学家们提供了非常丰富的观测资料。同时，它也在这个新开拓的领域内，向人们提出了一连串的问题和难解的谜。

（二）宇宙微波背景辐射的黑体形式和各向异性

宇宙是在什么时候以什么方式诞生的？目前被国际科学界普遍接受的宇宙起源理论认为，宇宙诞生于距今约 150 亿~100 亿年的一次大爆炸。微波背景辐射是宇宙大爆炸之后的遗留能量，它均匀分布在整个宇宙空间中。大爆炸后的宇宙逐渐冷却，现在温度为绝对温度 2.7 K。

1965 年，贝尔实验室的阿农・彭齐亚斯和罗伯特・威尔逊发现了宇宙微波背景辐射，两人因此获得 1978 年的诺贝尔物理学奖。但是对微波背景辐射的具体测量工作一开始都是在地面上进行，很难做到精确测量，观察工作的进展十分缓慢。

1974 年，约翰・马瑟（John C. Mather）、乔治・斯穆特（George Fitzgerald Smoot III）建议 NASA 实施 COBE（宇宙背景探测器）卫星项目。1989 年 11 月 18 日，COBE 卫星终于被送入太空。1990 年 1 月，马瑟在一次会议中展示了 COBE 探测到的黑体辐射光谱曲线，这条曲线最终被证明完全符合黑体辐射特征，它的波长对应于绝对温度 2.7 K 的光谱。

四、创新设计模式

这种模式最能够体现科研人员思维上的创造性和设计上的独特性，其特点是由科技人员运用自己的聪明才智发明创造出特殊的观测仪器和装置对自然现象或研究目标进行观察。由于这种仪器和装置往往带来重大的科学发现，所以其本身就是科学技术史中的重要成果。

创新设计模式突出说明了当代科学和技术之间的密切关系及两者相互促进的发展规律：科学的进步推动新技术设备、仪器等的发明；反过来，技术的创新又促进科学理论的发展，二者相互推动，使得科学和技术突飞猛进。

（一）正电子的发现

正电子，又称阳电子、反电子，是基本粒子的一种，带正电荷，质量和电子相等，是电子的反粒子。正电子最早是由狄拉克（Paul Dirac，1902~1984）从理论上预言的。

1932 年 8 月 2 日，美国加州理工学院的安德森等向全世界宣告，他们发现了正电子。正电子的发现是利用云雾室来观测的。云雾室是英国物理学家威尔逊（Charles Wilson，1869~1959）的重大发明。1895 年，威尔逊在卡文迪什实验室时便开始了他对云的形成的研究。威尔逊的云雾室工作原理是蒸气绝热膨胀，温度降低，达到饱和状态，当带电粒子通过时，蒸气沿粒子轨道发生凝结，从而显示粒子径迹。利用其电离密度还可以测量粒子的能量和速度。

威尔逊云雾室是历史上最早建造的粒子径迹探测器，它对粒子物理学的发展起过重大作用，正电子、μ 子、超子等都是通过拍摄它们在云雾室中的径迹而发现的。威尔逊云雾室为研究微观世界做出了卓越贡献。1927 年，威尔逊因此荣获诺贝尔物理学奖。

（二）π 介子的发现

π 介子是日本物理学家汤川秀树在他的介子理论中预言过的一种亚原子粒子。1935 年，汤川秀树提出“介子论”，对质子和中子的结合做了圆满的解释，他推测 π 介子的质量大约是电子质量的 200 倍。

π 介子随后由英国物理学家塞西尔·弗兰克·鲍威尔设计发明的照相乳胶记录法得到了观测，鲍威尔因此获得 1950 年诺贝尔物理学奖。π 介子的发现，开创了物理学的一个新的分支学科——粒子物理学，鲍威尔因此也被誉为“粒子物理学之父”。

五、差异对比模式

这种模式是通过对两次以上的观察结果进行仔细比较，以便发现其中的差异而采用的一种方法。差异对比模式表明，观察对象可以处于多种环境系统中，科学家因此能够选择在不同的条件、状态下对其进行观察。另外，这种模式还说明，科学家也可以主动选择或设计不同的观察条件对研究对象进行专门的、特殊的观察，从而获得客观规律。这类似于弗朗西斯·培根所说的对自然对象的“拷打”，突出体现了科学家的主观能动性和主动的探索精神。

（一）水星近日点进动

对水星近日点进动的计算主要根据牛顿定律进行，结果是每百年进动5557.62″，其中90%是由坐标系的岁差引起的，其余的部分是由其他行星，特别是金星、地球和木星的摄动引起的。而实际观测值为5600.73″，二者相减得每百年是43.11″。

1915年，爱因斯坦发表了著名的广义相对论，成功地解释了这个问题。根据广义相对论的方程计算，行星公转一圈后近日点进动值与牛顿万有引力定律所得的差值为每世纪43.03″，这与观测值十分接近，成为天文学对广义相对论的最有力的验证之一。后来对脉冲双星进动的观测更加给出了精密、严格的论证。

（二）脉冲双星观测

脉冲双星是1974年由马萨诸塞大学的罗素·胡尔斯（Russell Hulse）和约瑟夫·泰勒（Joseph Taylor）使用射电望远镜发现的。胡尔斯当时是泰勒的研究生，主持一项用该望远镜搜索脉冲星的日常工作。他们于1993年因脉冲双星研究而获诺贝尔物理学奖。

所有脉冲星都是中子星，对于这个天体来说，其轨道参数表明伴星也一定是个中子星。广义相对论的关键检验之一是水星的近日点进动，这两位科学家计算后得出，脉冲双星PSR 1913+16的这一效应（“近星点”位移）比水星的强100倍左右。而且，水星每年绕太阳仅仅运行四次，而这颗脉冲星绕伴星每年可运行1000次。测量结果证明该脉冲双星的近星点进动与爱因斯坦理论预言一致，这是利用太阳系外天体对广义相对论的首次直接检验。

第二节 观察方法的基本原则

通过对科学技术史中那些获得诺贝尔科学奖的重大观察成果的成功模式（途径）的分析，可以归纳、总结出观察方法的若干基本原则。

一、客观性原则

观察方法的客观性原则，是指要求通过观察获得真实准确的反映研究对象的科学事实、保证观察结果的正确性和可靠性。因此，科学家必须避免主观的偏见、错误的判断和错觉的影响，要按客观事物的本来面目观察事物，这是进行科学观察的必要前提。

二、全面性原则

观察方法的全面性原则，就是要求全面、系统、动态地观察事物，要尽可能多方面、多角度、多层次地进行观察，从而把握住客观对象的各种特征和规律，为认识客观事物提供准确的观察事实。同时，在观察过程中，既要注意正常的、意料之中的现象，也要注意异常的、意料之外的现象，不放过任何值得追踪的线索，以便及时捕捉到可能出现的机遇。

三、典型性原则

观察方法的典型性原则，是指观察中要选择具有代表性的观察对象，把握良好的观察时机和条件，其目的在于既能够简化、纯化观察的过程，又能够保证观察结果具有典型意义。

四、灵活性原则

观察方法的灵活性原则，是指科学家要灵活把握观察的时间和地点，以及观察中出现的新现象，特别对观察过程中出现的各种偶然和突发事件、现象等，应该给予高度的关注。

五、重复性原则

观察方法的重复性原则，是指研究对象、观察条件等可以被科学家本人和其他科学家重复设置，以便进行反复检验。重复性原则是为了满足观察的客观性和真实性的需要而提出的。同时，这一原则也能够避免科学家弄虚作假的现象。

在科学研究中，科学家必须遵循上述基本原则，辩证地处理它们之间的关系，才能够在科学观察中获得丰富可靠的科学事实和观察数据，为建立科学理论奠定坚实的基础。

第三节 计算机辅助观察方法

随着观察活动的日益复杂化，传统的观察方法已经表现出明显的不足，如对海量观察数据的即时处理和传输，传统观察手段是根本无法实现的。由于计算机具有快速处理各种信息的能力，所以将计算机和观察仪器、设备相结合，形成了特殊的观察活动处理模式，即信息获取→信息转换→计算机处理→最终结果（图像或数据），这种模式具有普遍的方法论意义，可以称为“计算机辅助观察方法”（computer aided observation，CAO）（曹伟，1996），类似于计算机辅助设计（CAD）。计算机辅助观察方法的特征在于，计算机对获得的原始信息按人事先编制好的程序进行了复杂的、智能化的处理，从而大大加快了观察数据的处理速度，同时也大大提高了观察的准确度。

计算机辅助观察方法的提出源于 CT 技术这一重大的发明成果（获得 1972 年诺贝尔生理/医学奖）。CT 是英文 computer tomography 的缩写，其中文含义是电子计算机断层图像扫描。CT 技术的原理是将观察目标（如人体）某一断层中的组织分布情况经过 X 射线对该断层的扫描、检测器对信息的收集、计算机对原始数据的处理，最终将数据在电视屏幕上显示出图像。

在 CT 技术中，计算机起着核心的作用，因为要想建立断层的组织图像，必须由计算机按照建像方程对数以万计的像素（断层体单元）上的密度值进行快速求解，然后将求解的结果（密度值分布情况）储存起来，最后再按电视扫描制式编入扫描行中，这样才能在屏幕上显示出该断层的组织图像。

从认识论角度看，CT 技术是人利用 CT 设备（核心是计算机）来获取目标（断层）的信息，从而认识了解该客体的内部结构。因此，这种认识方式属于观察方法范畴。但应该注意的是，这种观察方式与普通的观察相比有独特之处。普通的观察只是人用感官直接或间接（借助仪器）获得客体的有关信息，在此过程中，仪器仅仅对信息进行放大或转换等简单处理；而在用 CT 进行观察时，计算机对获得的信息按人事先编制好的程序、软件进行了复杂的、智能化的处理。因此，CT 设备的观察方式与普通观察方法（如 X 射线摄影术）相比存在着质的区别。我们把这种观察方式称为“计算机辅助观察方法”。

计算机辅助观察方法能够产生并具有一般方法论意义的理由在于，任何时候观察活动都是认识主体获取客体信息的基本方式，而现代科学研究的对象越来越复杂，故对其进行观察的难度也相应增大，如果只用普通的观察方法，有时无法获得准确清晰的信息；同时，在现代科学研究中，观察所获取的信息量也越来越大，以至于在许多情况下人脑很难加工处理这些巨量信息，有时人脑甚至根本无法处理。例如，对于 CT 扫描系统获得的大量像素密度值、卫星获取的大量遥感信息及气象数据等，人脑就根本无法快速、准确地进行处理。在此情况下，如果不借助于计算机，上述大量原始信息对人也没有多大价值。

由此可见，计算机已成为处理复杂观察活动中大量信息的不可缺少的工具。这同时也表明，计算机辅助观察适用于一切复杂观察领域，它具有普遍的方法论意义。

由普通观察方法发展到计算机辅助观察方法说明了观察方法本身的进化过程。当然，在实际的科研中，具体选用何种方法完全应根据认识对象的具体情况来定。两种方法可同时并存，并不互相排斥。这就如同生物进化中高级生物的产生并不排斥低等动物的存在一样。事实上，计算机辅助观察方法已在许多领域得到应用，如军用卫星侦察图像自动处理、观测卫星遥感图像处理、卫星气象云图处理、计算机自动图像识别等。当然，作为一种方法，它还可在更多的领域中发挥作用。预计在公共、交通部门的摄像监视系统，医疗上的自动监护报警系统，生物工程中的细胞、基因自动观测系统中都可得到应用。应注意的是，上述各种应用中的扫描系统不一定与 CT 相同。另外，计算机观察方法也为从事技术开发工作指明了一个新的方向。

计算机辅助观察方法作为一种认识方法，需要探讨其与认识论有关的一些问题。

一、计算机辅助观察方法的客观性问题

在计算机辅助观察方法中，计算机对扫描装置获得的客体的信息进行了复杂的加工处理。也就是说，人看到的最终结果（图像或数据）是经过计算机处理过的，并不是客体的原始信息。同时，计算机所用的程序又是人依据建像理论编制的，那么自然存在一个问题，即用计算机观察方法获得的最终结果是对客体的客观与正确的反映吗？我们认为，这种客观性和正确性是有保证的。

因为，人编制计算机程序所依据的理论是通过实验研究后建立的并经过了实践的检验，即理论的真理性是没问题的。这种理论的真理性也就保证只要运用该理论编制程序，那么经该程序处理后获得的最终结果必定是对客体的正确反映。以 CT 技术的研制过程为例，早在 20 世纪头十年，拉东（Radon）就从数学研究中推导出了建立图像的理论。1956 年，布雷斯韦尔（Bracewell）首先应用该建像理论形成了初步的建像应用技术，他通过实验证实，由一系列的目标投影可以合成出目标的图像。1971 年，首台 X 射线头颅 CT 机在英国诞生。应用该设备，英国医生安布罗斯（James Ambrose）对人的病态颅脑标本进行了研究，对比实验表明，CT 技术能将脑瘤令人信服地区分开来。同时，在图像中也可以将脑组织中的灰色物质从白色物质中区分出来。由此可见，建像理论是经过实践检验并验证的，依据该理论编制的程序在 CT 机上运行的最终结果也是被医学实践证明是正确的、客观的。

据此我们可以认为，计算机辅助观察的客观性是有保证的。应该强调的是，由于技术方面的因素，获得的最终图像可能不十分清晰，但这与计算机辅助观察的客观性并无关系，它只是有关设备，如扫描系统、信息获取装置、显示装置等的技术改进问题。从实践角度看，只要获得的图像足够清晰即能满足人们实际上作中的需要，不一定要十分清晰。极度的清晰不仅是不必要的，也是客户经济条件难以承受的，因为清晰度越高设备造价也越高。例如，在 CT 设备中，极高的清晰度要求特别先进的扫描与检测系统、超高速计算机，这会导致成本急剧上升。而在医疗实践中，一般的清晰度足可满足医生诊断的需要。

从认识论角度看，主体对客体的认识和把握本质上要靠其思维能力才能实现，观察只是为主体提供了原始素材，观察手段的先进并不能保证认识主体必

定获得正确的结果，这在科学技术史上例证颇多。反过来说也就是，如果主体不具备一定的思维能力和理论基础，那么它无论用多么先进的观察设备也不可能得出对客体的正确认识。

二、计算机辅助观察方法中观察与理论的关系

观察与理论的关系是认识论研究的重要问题之一。1958 年，美国科学哲学家汉森提出了“观察渗透理论”的命题。观察中之所以能够渗透理论，主要是因为观察不仅是接收信息的过程（尽管在观察过程中科学家的某些环节仅仅是接受信息），也可以是加工信息的过程，而要加工信息，就会与观察者的理论背景发生关系，也即观察有时将受到理论的影响。

计算机辅助观察中显然也存在观察与理论的关系问题，且其表现更为复杂。对于计算机辅助观察得到的最终结果来说，人在解释时需要以某种理论为背景，显然这就是汉森的“观察渗透理论”。但在计算机辅助观察中，观察与理论的关系还有其独特之处，即认识中介（整套观察设备）也渗透着理论及某种程度的人的主观因素。这是因为，计算机程序是人按某种理论编制的，而 CT 技术是运用数学建像理论编制的，显然它会受到理论的影响。另外，不同的人编制的程序自然存在一定的差别，即有优劣之分。因此，在计算机观察的认识中介中存在着某种程度的人的主观因素。实际情况也充分说明了这一点，如在 CT 技术中，屏幕上图像清晰度的高低不仅取决于射线源和检测器的质量、数据获取的速度、机械系统的性能、显示装置的分辨能力及计算机的运算速度等因素，还取决于信息处理软件的水平。

上述认识中介中人的主观因素的存在表明，人自身的智力（人类的创新思维能力）在计算机辅助观察中发挥着重要的作用。从认识论的角度看，这意味着主体对客体内在本质认识的深度在一定程度上依赖于主体自身的认识水平和能力，随着主体认识水平和能力的提高，主体对客体认识的深度也将加深。应该强调的是，虽然在计算机辅助观察中存在着一定程度的人的主观因素，但这种主观因素在发挥作用时必须遵循科学的理论，否则计算机辅助观察的结果将不是客体的真实状态。例如，对于 CT 技术来说，尽管不同的软件工程师的编制水平有异，但任何软件工程师都必须按照建像理论编制程序，这样才能获得断层的图像。否则，CT 设备根本得不出断层的图像，哪怕是清晰度极低的图像也得不到。由此可知，计算机辅助观察中的主观因素的作用（主观能动性须受科学原则的制约），被限制在某种理论框架之内，恰如任何工程师在发明

创造的时候，其主观能动性必须受能量转换和守恒定律制约一样。因此，无论工程师主观能动性多么高，也无法发明出永动机。

计算机辅助观察中表现出的人的主观因素的参与深刻地阐明，主体在认识客观世界时，有时绝不是袖手旁观，而是和客体发生一定关系的。但我们必须强调的是，这种主体的参与并不是抹掉观察的客观性，相反却是为了强化、明晰观察过程的客观性。更准确地说，这时主体的参与、理论的渗透等恰恰是为了获得复杂客体的原始信息，从而为科学家把握其规律和本质提供前提和条件。因此可以说，在计算机辅助观察中，虽然理论能够渗透到观察中，这并不说明观察就不存在客观性了。事实上，客观的观察还是存在的。从生理学角度看，人类的肉眼观察活动也是经过大脑视觉神经和中枢神经系统的复杂处理的，这种处理某种意义上其实也是理论的渗透，只不过是大自然长期进化后天然形成的"理论"，至今科学家对神经系统的这一处理过程仍然不十分清楚。有关内容可见以后相关的论述。

另外，在计算机辅助观察方法的模式图中，只要增加机械操纵装置（执行机构）并在计算机程序中设置相应的指令，即模式图变为信息获取→信息转换→计算机处理→最终结果→机械操纵装置，则该系统就能实现有目的的行为，从而实现对目标的控制和改造。这实际上就是机器人及美国军方先进的火炮自动寻标（通过敌方炮弹轨迹的计算机分析推断出敌方炮兵阵地）并自动发射炮弹系统的技术原理。这类系统有巨大且重要的应用价值，其涉及的方法论和认识论问题更加复杂，值得深入研究。这里顺带提出，以期引起有关各方的注意。

第四节　"观察渗透理论"与观察的客观性

观察是最古老也是最常用的一种认识方法，但它在认识论上却涉及深刻的问题，即纯粹的观察是否存在。

波普尔、汉森等历史主义者提出的"观察渗透理论"认为，由于认识主体具有理性思维的特点，所以必然会对观察到的现象做出一定推测和猜想，并试图用已有的理论来解释它，这就不可避免地产生所谓的"观察渗透理论"。具体说就是，持有不同理论背景的主体，对同一客体观察后得出的结论不同，因此他们观察到的客体也就不同，亦即观察与理论是不可分的，纯粹的观察不存在。那么究竟存在不存在客观的观察或纯粹的观察？显然这需要从科学技术史和认识论的角度进行深入分析。

西方历史主义者之所以得出观察渗透理论这一结论，是因为他们看到科学技术史中的多数观察结果都有理论的解释，但因此就能够得出“观察渗透理论”的结论吗？

我们认为，在观察过程中是否渗透理论及能否渗透理论，这取决于认识主体的选择及其认识能力与水平。更重要的是，“观察渗透理论”实际上已超出了观察范围而进入认识、思维领域了。在一定意义上，这种观察已经属于“本质观察”，而非传统意义上的“直观观察”了。观察，就其本意来说，是指认识主体对客体各种信息的记录、描述和测量。诚如 20 世纪初物理学家观测到电子质量会随其速度增大而增加一样，这一实验的感官观测结果对持任何学术观点的物理学家都一样——从仪器上得到的数据完全相同。显然，在此阶段，不同理论背景的物理学家得到的观察结果是完全相同的。因此我们有理由说，这时的观察就是纯粹的观察（不用任何理论去解释观察结果）。

由此可见，“观察渗透理论”这种提法本身会产生误导，我们认为用“观察可渗透理论”这一说法更准确些。

一、科技史案例的启示

对于无理论渗透或在一定时期内无法渗透理论的观察结果，虽然人们暂时不知其内因，也无法做出科学解释，但这一观察结果本身却能在人类实践中发挥作用，甚至据此做出重大发明。在科学技术史上，伦琴发现 X 射线就是典型的例子。正因为伦琴无法解释该射线产生的原因，所以才称其为“X 射线”（X 表示未知）。但这一射线具有极强的穿透力，可以穿过人体的骨骼从而使骨骼清晰地显示在照片底板上。认识（观察）到 X 射线的这一特性后，伦琴拍摄了人类历史上第一张 X 光照片——他妻子手掌的骨骼。尽管当时的物理学家对神秘的 X 射线的内在结构一无所知，但该射线唯象的特殊性质：穿透力极强，却是每一个物理学家都能观测到的。居里夫人当时正在巴黎，后来她利用 X 射线的这一性质，设计了 X 光机，为第一次世界大战中受伤的法国士兵查找体内的弹片，大大提高了外科手术的效率，减轻了伤兵的痛苦。

实际上，科学史中类似的案例有很多，一些奇特的重大发现往往在相当长一段时期内，有些甚至在几十年内没有任何理论能够给予合理的解释。虽然如此，它并不妨碍这些重大发现被广泛应用，也不妨碍发现者获得诺贝尔科学奖。

例如，超导现象是荷兰物理学家卡麦林·昂纳斯于 1911 年发现的，即汞等金属材料在超低温（–268.98℃）条件下电阻会突然消失。当时的科学家对这一近乎魔幻般的现象根本解释不了，也就是无法渗透任何理论。直到 25 年后的 1935 年，F. 伦敦和 H. 伦敦兄弟才根据超导现象的宏观性质，建立了超导体的电动力学方程（伦敦方程），但伦敦兄弟的理论无法说明超导电性形成的内在原因，他们的有些结论和实验也不相符。到了 1957 年，能够比较完善地解释超导现象内在机制的 BCS 理论才形成，但这一理论也存在不足，因为高转变温度的超导现象它仍然解释不了。再往后到 1986 年，瑞士科学家缪勒和他的博士生——德国科学家柏诺兹才从理论上解释了高转变温度的超导电性。时至今日，超导现象仍然存在让科学家无法解释的实验结果。

再如，瑞士籍法国物理学家纪尧姆（Charles E Guillaume，1861~1938）发现的镍钢合金（也叫殷钢合金）也是如此。镍钢合金的突出特点是其热膨胀系数几乎为零，因而可以用于精密计量与测量仪器、高精度机械等领域。但物理学家直到 20 世纪 90 年代才从理论上解释了镍钢合金的独特性质。也就是说，在长达几十年的时间内，科学家无法用理论渗透镍钢合金这一观察结果。

做出上述三项重大观察成果的物理学家虽然没有建立相关的理论进行解释，但他们仍然分别获得 1901 年、1913 年和 1920 年诺贝尔物理学奖。

在理论无法渗透时，难道不同科学家的观察结果就会不同吗？这时的观察就没有意义和价值吗？显然，科技史已经给了我们十分明确的回答。

科技史中的上述案例充分说明，一些复杂客体在相当长时间内无法进行解释，也即无法渗透理论。显然，在无法解释的这段时间，科学家对客体的观察就是纯粹的观察。这时，客体发出的各种信息可以被持不同理论背景的主体观察、接收到，而且他们接收到的信息应该是相同的。因为如果存在不同，产生争议，则通过重复观察，他们最后必定能够形成相同的观察结果。

在科研实践中，现代的科学家常常利用前人或同行的科学观察资料来帮助自己的研究工作，为什么他们敢于这么做？原因就在于科学家相信存在纯粹的观察。例如，在天文学中，中国古代科学家对超新星爆发有详细的观察，他们的肉眼观察过程和现代科学家的观察过程是相同的，所以现代天文学家才会判断出中国在 800 多年前就对超新星进行了详细观察和记录。既然古人和今人的观察相同，就充分说明存在纯粹的、客观的观察。而诺贝尔物理学奖获得者德国著名物理学家冯·劳厄（Max von Laue，1879~1960）的一段话也从一个侧面说明了这一点："只有许多人默默无闻地协作才能完成大量必要的观察和计算，保证科学的持续前进。"中国古代四大发明中的两项——火药和指南针也具有上述特征。火药爆炸的化学原因直到法国科学院成立后，才由著名化学家拉瓦锡开始进行研究；指南针更是到法拉第、麦克斯韦等建立其电磁理论后才得出科学解释。虽然如此，这两项伟大发明的唯象观察对当时和现今的人都是一样的：一个是剧烈爆炸，产生光、声和冲击波；另一个则是指针恒朝向北。虽然我们的祖先没法解释上述现象，但他们和近代科学家在肉眼观察层面上得出的描述是完全一样的。

现代的科学家成功地对古人观察的现象渗透了理论，也即了解了现象的内在本质，对现象的认识达到“知其然，并知其所以然”的阶段，此时认识已深入现象的内部，超出观察的范围。而对于科学家来说，重要的是，他们“不知其所以然”的重大观察结果，对科学进步和技术发明仍然有巨大的价值和意义，这也是X射线、超导现象和镍钢合金的发现能够获得诺贝尔物理学奖的原因。因此，对于实验科学家，他们只要获得了没有渗透理论的观察结果，却非常奇特、非常罕见的现象就够了，至于现象的内在原因可以由理论科学家去探索。

时至今日，对有些古老的现象，如做梦、帕金森综合征、生命活动等，科学家仍然无法给出合理的解释，但这些现象的表征（观察结果）对世界各国的科学家都是一样的。可见，纯粹的观察是普遍存在的。[①]

应该注意的是，这里所说的理论是严格意义上的科学理论，即必须满足具有解释性、自洽性、可检验性等要求的理论，而不是日常经验层次的观点、说法等。因为对于现代科学来说，非严格意义上的理论是没有什么价值的。

从更广的系统的角度分析，观察过程受到诸多因素的影响，如观察者的感官生理特性与状态、观察仪器的可靠性、观察者的思维活动等。因此可以说，“观察渗透条件”。比如，心理学上常用的“花瓶–头像图案”给人造成错觉的实验，就是观察渗透条件的典型例子。这是因为“花瓶–头像”是一个特殊的图案，其观察条件是特设的，所以才会出现有的人看后说是花瓶，有的人看后说是头像。但这种情况也不能说明观察渗透理论，因为即使是同一个人在不同时刻看到的图案也不同，一会是“花瓶”，一会又是“头像”。难道一个人对同一个观察对象渗透两个不同的理论？显然，这在逻辑上说不通。其实，心理学教科书上有许多让人产生错觉的特殊图形，这些均是观察时设定的特殊条件造成的。

科学家在观察和实验中，早就认识到人的感官具有产生错觉的局限性，所以才发明复杂、先进的仪器设备来记录客体的信息。由此可见，有些观察渗透理论实际上是观察渗透条件。

---

① 2013 年 4 月 5 日，美国政府宣布将组织国家卫生研究院、国防部高级计划局、国家自然科学基金会等部门并投入高额资金开展对人类大脑内部结构和规律的探索研究，这说明人类对自己大脑的了解还非常少。

二、认识论角度的分析

从认识论角度看，观察是认识主体获取客体原始信息的重要手段，观察结果必须是主体对客体各种信息的客观记载和准确描述。只有这样，客体的信息才能成为进一步研究的基础，因此观察必须要保证客观性。同时，由于观察是科学家运用感官直接或利用仪器间接对认识对象的观测活动，其观测数据可以不受科学家思维观念的影响。在当前，很多复杂的观察活动是由计算机控制并且自动完成的，这时就更加体现出了观察的客观性。

在科学史上，有一个典型的例子能够说明这一问题。丹麦天文学家第谷·布拉赫不相信哥白尼的日心说，他认为太阳绕地球转，其他行星则绕太阳转。第谷·布拉赫用 30 年的时间坚持不懈地记录了太阳系各大行星的精确的运行轨道数据（注意，第谷·布拉赫头脑中的天文图景是地心说）。后来开普勒利用第谷·布拉赫 30 年的观测结果发现了著名的“行星运动三大定律”。这无可辩驳地说明，尽管第谷·布拉赫的背景知识是地心说，但他的天文观测仍然是客观的，也就是说，他自己头脑中想的是地心说，但他的观测数据却是日心说的数据。这表明第谷·布拉赫的观测是客观的，不受他头脑中地心说的影响。否则，开普勒不可能从第谷的观测数据得到“行星运动三大定律”。有趣的是，开普勒初期认为行星的运动轨迹是正圆，却发现和第谷·布拉赫的观测数据不吻合。开普勒坚信第谷·布拉赫的观测数据是可靠的，因为第谷·布拉赫是个十分严谨的天文学家。后来开普勒把正圆轨道改成椭圆轨道后，数据和轨道就完全吻合了。我们现在都知道，太阳系九大行星都按照椭圆轨道运行，太阳处在椭圆的其中一个焦点处。

科技史中的这一案例充分表明，即便在研究者事先已持有某种错误理论的情况下，仍然存在客观的、纯粹的观察：观察数据不受研究者头脑中理论的影响。如果否认这一点，不仅无法解释科学史中的大量类似案例，而且对实验科学的发展是极其不利的。1919 年，德国普鲁士科学院在祝贺著名物理学家伦琴获得哲学博士学位 50 周年的贺信中的一段话，也从一个侧面说明了这一点：“……只要深入了解您独特的科学个性，谁都会理解这一伟大发现（指 X 射线的发现——引者注）应归功于您这位摆脱了任何偏见、将完美的实验艺术和极端严谨自觉的态度结合在一起的研究者。”在这里，伦琴“摆脱了任何偏见”，也就意味着他对 X 射线这一全新的现象未渗透任何先入为主的理论，他的观察是纯粹的观察。

而与伦琴同时代的一些科学家，在实验中也观察到了 X 射线，但他们都用头脑中已有的观念或理论解释了这一现象，因而未做深入研究（1876 年英国科学家克鲁克斯、1890 年美国科学家古德比斯德和 1893 年德籍匈牙利科学家勒纳均观察到了 X 射线，但他们都先入为主地认为它只是普通的荧光）。等到伦琴的报告正式公布后，这些科学家才后悔不迭。这从反面说明，一个实验科学家过于相信“观察渗透理论”，往往会使自己丧失做出重大科学发现的机会。科学史中的类似案例还有不少。

实际上，用现实生活中的例子更易说明存在纯粹的观察，比如一个人在儿童时代看不懂电影中的故事情节，等到他长大成人后就理解了。故事情节相当于认识客体，进入儿童的大脑中，他当时没有理解，只作为记忆保留在大脑中，成人后随着各种经验的增多，才明白了电影中的故事情节。这就表明，儿童时代的记忆，就是纯粹的观察。当然这种纯粹的观察，是在特殊情况下形成的：他没有足够的生活经验。

事实上，在科学领域，往往是不同观点、不同学派的科学家面对的观察结果是相同的，他们之间对观察结果本身不存在争议，只是对其解释存在不同。例如，对于 3K 宇宙微波背景辐射，伽莫夫的解释是宇宙大爆炸的遗迹，而南京大学潘根教授等一些国内外科学家却认为是宇宙尘埃的普通热辐射。对于伽莫夫和潘根两人来说，宇宙微波背景辐射的观察值是一样的，都是 3K（大约 –270℃），只是对它形成原因的解释不同。可见，宇宙微波背景辐射的观察（3K）本身是纯粹的、客观的。

显然，不管是否渗透理论，科学家们的观察是能够达到一致的，也即存在纯粹的观察。如果从整个人类的认识史角度看，人类对许多复杂现象的认识不正是从（相同的）表象描述到众说纷纭的解释争议再到（相同的）本质把握吗？这一否定之否定过程深刻地揭示了人类认识的内在规律。

另外，在科技史中，许多引起争议的重大理论创新，最终都是通过“判决性观察（实验）”而获得科学界的承认的。例如，爱因斯坦的广义相对论，其判决性观察包括水星近日点的进动和雷达波在地球与水星之间传播的时间延迟，广义相对论的理论推算值分别是 43 角秒和 240 微秒，而实际观测值与理论推算值相吻合，广义相对论由此被人们接受。显然，判决性观察（实验）的结果是纯粹的、客观的观察。也就是说，一个科学家无论是否承认广义相对论，只要他去进行这样的观察和实验，必定得出与上面相同的观察结果。如果在这时还硬要强调观察渗透理论，那么广义相对论永远也不会被所有科学家承认。可见，否认纯粹的观察，也与科学界通行的理论评价方式不相符合。

三、方法论层面的思考

在科学界，一般来说，实验科学家往往对观察结果采取比较慎重的态度，或者说他们不会对观察结果进行主观猜测和渗透，而比较注重对结果的客观记载和严谨分析。理论科学家却相反，他们往往对观察结果进行大胆的推测并构建各种各样的假说。这是由两类不同科学家的研究特点决定的。因为，在实验科学家看来，如果对观察结果随便进行推测，有时会干扰进一步的观察和研究，将思路引向歧途。正因为如此，中外一些著名的实验科学家，常常要求身边的学生对观察结果不能想当然（随便进行解释和猜测），而应该排除头脑中的任何先入为主的观念，反复做实验以便确证相关的实验结果。也正是因为实验科学家的这一传统，诺贝尔科学奖中涉及重大科学发现的获奖成果，在评奖时并不要求科学家对所发现的新现象的内在机理有深入了解，或者要求科学家对所做出的科学发现进行理论上的解释。换句话说，只要科学家在实验中观察到或偶然发现了一个全新的、具有重大意义和价值的自然现象，尽管这个科学家甚至所有的科学家都不了解这一现象的内在机理，那么这一成果仍然有资格获得诺贝尔科学奖。X 射线及其他获得诺贝尔奖的重要的科学发现都是这样。诺贝尔委员会的这一评奖标准，也从一个侧面表明，他们承认存在客观的、纯粹的观察。

在传统和思维习惯上，与实验科学家相反，理论科学家则常常鼓励自己的学生对观察结果大胆进行猜测，主动进行“观察渗透理论”。这两类不同的研究习惯，也可以说不同的方法论特点，在世界各国的科学界普遍存在。前一种情况说明，实验科学家要求自己的观察尽量保持客观性和纯粹性，否则对进一步的观察和研究不利。后一种情况则说明，理论科学家为了解释已有的观察结果，总是运用已有的知识背景千方百计提出自己的假说，进行理论层面的、超前的研究和探讨。这两种研究习惯是不同类型科学家长期形成的，不能因为存在后一种情况，就得出“观察渗透理论”这样带有普遍性的哲学结论。

纯粹的、客观的观察是存在的。如果认为观察与理论不可分，认为所有观察都渗透理论，这不符合科技史。而且观察渗透理论这一提法对研究者也会产生误导。历史上一些大师和权威对自然现象均附带有自己的“判断”和“解释”，出于某种社会原因，他们的解释又被奉为真理。但不幸的是，某些大师们的解释完全是错误的，结果大大压制了科学的发展。这种深刻的教训古今中外都有。

因此，否认纯粹的观察，对科学发展特别是实验科学的发展是有害的。

中世纪英国哲学家罗吉尔·培根（Roger Bacon）曾指出认识过程中实验阶段（感官经验）与随后的主体的内省（在实验基础上对获得的信息进行加工处理）之间的区别，他把经验（罗吉尔·培根所说的“经验”，是指通过实验所获得的知识）分为“感官经验”和“内在启发经验”两大类。感官经验是关于自然界有形事物的认识，即通过实验直接获取的关于研究对象的原始数据，此时的信息处于孤立、零散的状态，还较难从中看出其规律性（认识主体还未对或未来得及对原始数据进行加工处理）。罗吉尔·培根认为这种感官经验存在局限性。而内在启发经验则是基于感官经验的一种分析、论证与综合，通过它才能了解并把握自然界的内在规律和本质（林德宏和肖玲，1995）。笔者认为，罗吉尔·培根的这一提法是符合科研实践的。20世纪上半叶，科学家通过高能加速器获得了大量基本离子的实验数据，但在未形成粒子内部构造理论之前，这些数据显得杂乱无章，科学家也毫无头绪，难以理解现有的实验数据。

存在纯粹的观察并不排除“观察渗透理论”这种情况。事实上，由于人们所研究的对象日益复杂，认识主体一般很难在短期内获得对象准确、科学的认识，在此情况下，认识主体就必然会对观察结果进行“理论渗透”，以便作为进一步研究的出发点或作为一种探索真理的“试错手段”。实际上，这种模式已为很多科学家特别是理论科学家在科研实践中广泛采用，具有方法论层次的指导意义。从认识论角度看，这恰恰是认识主体发挥主观能动性的表现之一。

从方法论角度看，认识主体进行观察时总是带有一定的意图和目的，并且常常对观察结果在已有背景中做出某种解释和说明，这就使得观察渗透了理论。从这一点说，观察确实可以渗透理论。从古到今，可以说人类对任何一个观察结果都试图做出解释，这是人类心理上和思维上的一种本性冲动。远在古希腊时期，亚里士多德就对石块落地这一人人可见的现象做过推测和思辨的说明，尽管其解释现在看来是荒诞的。科学的解释直到牛顿力学创立后才产生，而更深刻、更完美的解释到爱因斯坦广义相对论创立后才形成。

从人类认识的历史来看，纯粹的观察与观察可渗透理论这两种情况，都在认识实践中被应用。在科学史中，既有运用 “纯粹的观察”获得重大发现的案例，又有利用“观察可渗透理论”取得重大突破的案例。何时应强调纯粹的观察，何时又要利用观察可渗透理论，这需要根据研究对象的特点、学科发展的阶段，以及研究者自身的知识结构、专业特点等来决定，这本身就是一种艺术，需要科学家在实践中反复体味。

第四章
诺贝尔奖成果研发成功的模式

百余年来，诺贝尔科学奖涵盖了现代科学的主要研究领域，获奖成果包括重大科学发现、重要理论创新，以及重大技术创新、实验仪器的重大发明等，是举世公认的科学领域的一流成果。这些重要成果不仅大大加深了人类对自然界的认识，而且在生产、军事、生活等领域获得了极为重要的应用，对现代社会产生了巨大、深远的影响。

作为具有最高原始创新性的科学成就，诺贝尔科学奖成果无论在选题、实验、分析、研究等环节都表现出独特的内容。事实上，通过对百余年来诺贝尔科学奖成果的考察，我们发现可以从中归纳总结出它们研发成功的若干方法论途径，这对具体的科研活动和科技管理工作均有一定的借鉴价值和启发作用。

第一节　理论创新领域

一、通过接续研究获得更深入成果

在百余年诺贝尔科学奖的历史上，许多获奖成果都属于同一个研究方向甚至同一个课题的接续研究。这表明对于开创性的科研成果，科学家不应停留在已有的认识水平上，而应进一步深入探索。

20 世纪 30 年代以来，先后产生了原子核的气体模型、液滴模型、α 模型、壳层模型、集体模型。其中壳层模型和集体模型分别获 1963 年和 1975 年的诺贝尔物理学奖。时至今日，这一问题仍有待深入研究。

1936 年，尼尔斯·玻尔提出了液滴模型，认为原子核是一个密度极高的带电的理想液滴。这一模型虽可解释核的裂变、核的稳定性及核的一些集体性质并得出原子核质量的公式，但它不能解释原子核的自旋、转动或振动的激发等现象，对所谓核的“幻数”性质也无法说明。

1948 年，美籍德国物理学家梅耶和德国物理学家延森各自独立地提出了壳层模型。与液滴模型一样，壳层模型也存在不足：它把壳层中的核子视作没有联系、各自独立的粒子，所以无法解释原子核的集体运动。鉴于它无法解释核电荷偏离球对称的电四极矩，1950 年美国物理学家雷恩沃特提出原子核的主要部分（内核）与其外围核子（价核子）之间存在相互作用。与此同时，尼尔斯·玻尔的儿子阿格·玻尔独立并沿着和雷恩沃特相同的思路进行着研究。他们的模型被称为集体模型。

这种模式的科学理论的创新给我们的启示在于，接续性研究是科研选题的重要途径之一，尤其对初期进入科学研究领域的年轻科学家特别合适。同时，这种模式还说明，科学进步是一个渐进的过程，是逐级而上的；也说明人类对自然界的认识是由一级本质到二级本质到三级本质……的不断深化过程。同时，在方法论方面，这种模式的启发还表现在对待科研成果的评价上，科学家并不是等到科研成果十全十美了才去发表，而是采取实用主义的态度，只要解决了所研究课题的某个层面或某种程度的问题，取得了阶段性成果，那么就可以发表了。这种方式对整个科学界也是有好处的，因为这种阶段性科研成果发表后，就为其他科学家进行进一步的探索、分析和完善起到了前提、参考和路标的作用，从而加速科学的发展。事实上，原子核的壳层结构模型理论就起到了这种作用，它的发表为两年后更加完善的集体模型（综合模型）的成功完成提供了前提和基础。

对于科学理论的这种发展模式，按照波普尔的否证主义观点很容易理解，因为波普尔认为科学理论只不过是科学家针对某个科学问题提出的一种猜测和假设，这种猜测和假设必定会被否证。既然如此，那么科学理论就必定存在不足、瑕疵或错误，也就是说，任何科学理论在本质上都不可能是十全十美的，必然要被完善、修改和否证。由此可见，这种模式在方法论上具有普遍的意义，可以作为一种科学研究的战略手段广泛使用。

二、运用逻辑分析形成重大理论

逻辑分析方法是科学家最常用的思维方法。许多获得诺贝尔科学奖的重大理论都是通过这一方法取得的。这说明科学家应该高度重视逻辑思维方法的训练。

1923 年，法国物理学家德布罗意运用类比推理和逆向思维方法，大胆提出电子包括其他任何实物粒子均具有波动性，这就是著名的“波粒二象性”假说。这一结论后被美国物理学家戴维森和英国物理学家汤姆生（George Thomson）分别用实验证实。德布罗意由此获得 1929 年诺贝尔物理学奖。

这种模式的科学理论的创新给我们的启示在于，逻辑分析是科学家做出重大科研成果的重要工具，而且在理论研究领域，逻辑分析主要通过数学手段才能够实现，因此从事科学理论探索的科学家必须高度重视数学能力和水平的训练和提高。同时，应该注意的是，数学工具的使用和相关的逻辑分析工作对科学家的智商有相当高的要求，因此并不是所有科学家都适合从事科学理论的研究工作，科学家应该根据自身的条件和能力选择科学研究的具体课题。从智力的要求和思维的特点角度看，逻辑思维的难度往往要比非逻辑思维的难度大，有时甚至是超级大。在科学技术史上，祖冲之是中国历史上著名的数学家，他推导出来了圆周率 π（数学和逻辑思维），却没有成功推导出球的体积的数学公式，另外一位著名数学家刘徽也绞尽脑汁没有成功。这一工作显然是严密的逻辑思维活动，直到祖冲之的儿子祖暅才彻底解决。祖冲之、刘徽的智商，肯定远远高于普通人，但他们对球的体积的数学公式问题耗其一生也没有解决，说明这个问题的逻辑和智力难度是非常大的。在国外，球的体积的数学公式问题是古希腊伟大的科学家阿基米德解决的。

三、运用非逻辑思维取得重要理论

非逻辑思维方法包括直觉、想象、灵感、顿悟等形式。一些科学家运用这种思维方法，获得了极其重要的成果。美国物理学家库珀、施里弗和巴丁因提出解释超导现象的 BCS 理论而获得 1972 年诺贝尔物理学奖。

1956 年，施里弗在研究过程中，就利用直觉思维找到了一个简单且便于计算的超导体基态的波函数，从而求出了能隙方程、吸引势的简单模型及绝对零度时的凝聚能，最终形成了超导电性的微观理论。美国物理学家范弗累克（J.

H. Van Vleck）在研究无序系统的电子结构理论时，也运用了非逻辑思维方法。他和安德森、英国物理学家莫托因该成果共获 1977 年诺贝尔物理学奖。

这种模式的科学理论的创新给我们的启示在于，非逻辑思维方法往往能够得出极具有创意的科研成果，虽然在获得诺贝尔科学奖的成果中运用非逻辑思维方法的情况并不多。非逻辑思维方法的特点和魅力在于，科学家一般没有具体的程序能够保证让自己得到直觉、想象、灵感、顿悟等，所以非逻辑思维是一种只有在具体的科研活动中才能够体验到的感觉，因此带有一定神秘的色彩。科学技术史表明，科学家多实践、多思考是获得非逻辑思维成功的必经之路。同时，在宏观程序上，非逻辑思维的成功往往存在共同的步骤或条件：一是科学家头脑中有一个待解决的重要问题（通常是难题）；二是科学家已经思考、探索这一问题相当长的时间；三是科学家要受到科学领域之外的因素、环境等的启发、刺激（往往是在放松的状态之下产生）。由此可见，非逻辑思维也不是完全不可把握的，只要按照上述宏观程序进行科研活动，科学家就有可能取得直觉、想象、灵感、顿悟等，最终解决科学问题。

四、建立唯象理论提出重要成果

唯象理论是一种建立研究对象的描述性、解释性理论的方法。许多获得诺贝尔物理学奖的理论成果是以这种方法创立的。

1925 年，美籍奥地利物理学家泡利提出“泡利不相容原理”时，就运用了这种方法。1926 年奥地利物理学家薛定谔在创建波动力学时也采用了这一方法。泡利和薛定谔分获 1945 年和 1933 年诺贝尔物理学奖。

这种模式的科学理论的创新给我们的启示在于，不仅在对单个的科学问题进行研究时候可以运用与唯象理论相似的思维方式，而且对整个的科学理论也可以运用这一方法进行超前的探索。唯象理论方法的特点还表现在，科学家可以利用与所研究对象在唯象层面相似的熟悉事物来把握、探索它的规律，因此科学家的个人经验和感悟对这种方法的运用将有着很重要的作用。

应该注意的是，自然界本身的特征是唯象理论方法能够成功把握研究对象某个层面规律的主要原因。自然界虽然纷繁复杂，其在某些方面的特性却可以通过数量关系或与其他事物的关联作用而表现出来，这就使得科学家可以运用唯象理论方法通过数学工具刻画出它在这方面的规律，尽管这种规律大多数情况是一级本质的了解，甚至是盲人摸象式的对自然界的把握。事实上，宇宙学研究中，早期伽莫夫提出的“大爆炸宇宙论”就是这种类型的研究。“大爆炸宇宙论”提出的依据是伽莫夫了解到哈勃的星系红移现象，再结合恒星演化的核反应机制而形成的，但对于星系红移科学家之间本身就存在巨大的争论，所以“大爆炸宇宙论”也就只停留在科学假说阶段。

1929年，美国天文学家哈勃发现，在宇宙空间不仅几乎所有的星系都具有谱线红移现象，而且还存在着星系的红移量与该星系的距离成正比的关系，也就是说，越远的星系正在以越快的速度飞驰而去，这被称为哈勃定律。

到了20世纪40年代末，在科学家发现了太阳的巨大能源来自热核反应后，美国物理学家伽莫夫把宇宙膨胀论和基本粒子的运动联系起来，提出了“大爆炸宇宙学”。他认为宇宙起源于高温、高密度的“原始火球”的一次大爆炸。但直到1965年，在美国贝尔实验室的彭齐亚斯和威尔逊发现了3K宇宙微波背景辐射后，才使伽莫夫的大爆炸假说成为有影响力的学说。

五、运用哲学思维建立重大理论

哲学和科学有天然的联系。科学家如能运用哲学指导自己，将会促进科学研究活动。1991年法国物理学家德然纳（P. Gilles de Gennes）因研究“软物质”（复杂流体）的规律而获诺贝尔物理学奖。德然纳认为，许多差别极大的物理系统，如液晶、高分子聚合物、胶体、超导体、磁铁等能用相同的数学手段描述其相变过程，他从数学上严格证明了这一点，最终得到上述不同系统从有序到无序转变时所遵循的规律。显然，德然纳的这一思路与哲学家关于“物质统一性”的结论相一致。

这种模式的科学理论的创新给我们的启示在于，哲学理论、哲学观念等可以转化为科学研究的创新模式，但这种哲学层面的理论、观念等必须和具体的科研课题及科学家的逻辑思考或非逻辑思考相互结合才能够发挥作用，同时还需要科学家具备一定的专业能力和知识。由此可见，科研创新中哲学层面的理论、观念等需要一定的条件，它是一个综合的大脑思考过程。

第二节　科学发现领域

一、利用简单设备独特思路成功

苏联物理学家切伦科夫、弗兰克和塔姆因发现切伦科夫效应并建立其数学描述而获得 1958 年诺贝尔物理学奖。切伦科夫仅仅依靠经过训练的双眼观测到了这一特殊效应。而日本物理学家江崎玲于奈在逆向思维指导下，利用“简单得令人难以置信”的掺高浓度杂质的锗单晶体制成的薄 P-N 结，成功发现了电子的隧穿效应。江崎玲于奈获得 1973 年的诺贝尔物理学奖。由此可见，在科学研究中，新颖、独特的思路，从某种意义上说比实验设备更重要。

切伦科夫的实验装置十分简单：让镭源发出的辐射穿过某种介质，然后在暗室中进行观察。利用切伦科夫效应可记录带电粒子发出的微弱辐射，从而测定粒子的速度，此即切伦科夫计数器的工作原理。

1934 年，切伦科夫在导师瓦维洛夫的指导下，开始研究放射线穿过流体时所发生的现象，他观察到了一种淡蓝色的辐射光。切伦科夫认为，他观察到的不是荧光。通过观察穿入经过了两次蒸馏的水中的辐射，他排除了微小杂质产生荧光的可能性。当时，测量非常微弱的辐射的唯一有效的工具就是人的高度灵敏的眼睛。切伦科夫、弗兰克和塔姆在 1937 年解释了产生这种辐射的原因，他们认为，切伦科夫发现的辐射是电子在介质中以大于光在介质中的速度运动时产生的，并给出了严格的数学描述。

1955 年，意大利裔美国物理学家埃米利奥·塞格雷和美国物理学家欧文·张伯伦利用切伦科夫计数器发现了反质子，两人获得 1959 年诺贝尔物理学奖。

这一模式还同时说明，取得科学技术领域里的重大成果，先决条件不是优良的设备、充足的经费，而是科学家观察自然界或发现科学问题的独特的科研意识和思维方式，在某种意义上，这也是科学家科研素质和综合水平的一种标志，这一点在基础研究领域尤其明显。在科学技术史上，那些取得重大原始创新成果的科学家，往往不是科研条件最优越的科学家，他们大多数年龄还在 30 岁以下，资历也很浅，甚至有些人是初次进入科学研究领域，我们在本书中提到的许多西方国家的诺贝尔科学奖获得者就属于这种情况。所以作为科研工作者必须认识到这一规律，应该随时随地保持好奇心和探索精神，充分发挥自己的智力资源和创造精神，这样才有可能取得独特的、一流的科学技术成就。

二、分析常见现象发现深刻规律

许多生活中看似普通的自然现象，其实蕴含了极为深刻的自然规律。这说明科学家应该时刻保持对大自然的好奇心，才能有所发现、有所创造。

印度物理学家拉曼因光的散射方面的研究工作和发现“拉曼效应”获得1930年诺贝尔物理学奖。奥地利物理学家赫斯因发现宇宙射线获得1936年诺贝尔物理学奖。拉曼和赫斯的选题均来源于生活中的现象，但研究成果却具有极重要的科学意义和应用价值。

拉曼的研究始于“海水看上去是蓝色”这一人人知道的自然现象。深入探索后，却导致了光的散射的拉曼效应的重大发现。

1912年，物理学家维克托·弗朗西斯·赫斯发现了宇宙射线，即来自外太空的辐射渗透到地球大气层。其研究起源于物理学家常常见到的现象，在空气中处于绝缘状态的验电器上的电荷会慢慢消失。起初物理学家判断可能是地表岩石的放射性导致的，于是采取将验电器放在气球上升到高空来进行对比实验，赫斯携带着自己设计的承受高空大气的温度和气压变化的气球装置升上天空进行实验，他发现在海拔5000米的高空，辐射强度竟为地面的9倍。由于白天和夜间的测量结果相同，所以赫斯断定这种射线不是来源于太阳的照射，而是宇宙空间。1914年，德国物理学家柯尔霍斯特将气球升至9300米，游离电流竟比海平面大50倍，确证了赫斯的判断。

罗伯特·安德鲁·密立根在1925年写的论文中为赫斯发现的辐射赋予了“宇宙射线”（cosmic rays）之名。

在当代社会，虽然科学技术高度发达，科学研究的理论抽象程度和尖端技术的专门化越来越明显，但是对生活中常见的现象进行深入探索而获得重要科学发现或重大理论成果仍然是今后科学研究的重要途径之一。这是因为大自然是一个取之不尽的宝库，在许许多多领域仍然存在着我们人类没有了解和认识的各种奇特现象，而且自然界的发展变化也是无穷无尽的，因此从自然界里，科学家可以获得很多的启发，这就为他们进行探索提供了众多的素材和问题。但当代的一些科学家和研究生往往忽略这一对科研人员十分重要的启发和引导因素，他们一般主观、武断地认为自然界，尤其是日常生活领域已经被世界各国科学家和工程师研究、观察、探索得非常仔细和完美了，似乎不存在什么值得研究的问题了。这种意识和见解曾经在20世纪初期出现过，并且被科学家广泛接受和认可，当时的科学家认为自然界各个领域已经被研究得几乎没有大的问题存在了，以后的科学家只能从事一些修修补补的工作，或者为已有的科学理论提供些补充和具体应用等方面的工作。但实际上，情况正好相反，人类当时对微观世界还几乎根本不了解，尽管其表现之一——太阳光线，也就是一种电磁波，我们人类刚开始就“看到”过它的身影。

在技术发明领域，从生活中或从自然界中寻找设计思路和启发，也是进行创造性活动的一种重要和常见的途径，有时这种途径还能够发挥独特的作用，产生无与伦比的伟大发明。例如，在仿生学领域，科学家和工程师从大自然中的各种各样的事物、现象和生物的某些方面受到启发，无论简单模仿还是提炼创新都可以实现技术上的重大突破，这方面的具体案例比比皆是。

显然，科学家保持一颗好奇心是非常重要的。因为有了强烈的好奇心科学家才能够时时刻刻注意观察自己身边的各种各样的自然现象，也才能够发现别人忽略的问题，或者能够从自己的独特视角分析和探索这个自然现象，从而可能取得独特的成果。

从教育学的角度看，科学家的好奇心和科学兴趣应该从少年儿童时期就注意培养，观察自然、亲近自然、喜爱生活、参加科普、热爱动手、兴趣广泛等对培养少年儿童的好奇心和科学兴趣十分重要，千万不能生灌硬塞各种知识到他们的头脑里，这种方式反而会使少年儿童对科学产生厌烦。这一点中国教育界和家长尤其应该注意。

三、借助理论指导成就重大发现

不少获得诺贝尔物理学奖的重大发现，是为验证理论预言或在理论指导下通过专门设计的实验获得的（前者即所谓的判决性实验）。也因此，这类科学发现往往同时具有技术发明的特点，即重大发现是通过独特的技术设计或实验装备而实现了理论的预言，只不过这一“发现”是理论事先就预测到的。但在本质上，特别是从认识论角度看，这类成果属于科学发现的成分更多一些。这说明实验科学家应时刻关注理论方面的成果，同时注意与理论科学家的学术交流，以便使自己的实验工作有的放矢。

2001 年诺贝尔物理学奖授予了美国物理学家康奈尔、维曼和德裔美国物理学家科特勒，他们的成就是采用独创的激光冷却和蒸发冷却技术实现了爱因斯坦在理论上预言的玻色–爱因斯坦凝聚现象。

“玻色–爱因斯坦凝聚”是非常奇特的物理状态，如果物质不断冷下去，一直冷到比如说接近绝对零度（–273.16℃），在这样的极低温度下，物质就会出现奇异状态——所有的原子似乎都变成了同一个原子！这就是物质第五态——玻色–爱因斯坦凝聚态。

1924 年，印度物理学家玻色按照把辐射看作光量子的思路，将计算气体状态的统计方法改变，得出了与普朗克辐射分布定律相同的结果。爱因斯坦收到玻色的论文后，认为极有价值。他还将玻色全新的思想推广到有质量的理想气体的统计力学方面，并预言：一定数量的气体粒子足够靠近且速度足够慢时（温度足够低），这些粒子将一起进入最低能量状态，且相互之间没有作用力，这种状态被称为“玻色–爱因斯坦凝聚”。然而，要实现玻爱凝聚态的条件极为苛刻和矛盾，因为一方面需要达到极低的温度；另一方面还需要原子体系处于气态。后来物理学家使用稀薄的金属原子气体，它有一个很好的特性，不会因制冷出现液态，更不会高度聚集形成常规的固体。在玻色–爱因斯坦凝聚理论提出 71 年之后的 1995 年 6 月，美国科学家康奈尔、维曼及德国科学家科特勒分别在铷原子蒸气中第一次直接观测到了玻爱凝聚态。这三位科学家也因此而荣获 2001 年诺贝尔物理学奖。

上述三位科学家实现了“玻色–爱因斯坦凝聚”，从而开创了一个全新的技术领域，将极大地促进纳米技术、量子计算机技术等的发展。

现代科学技术的发展趋势和特点之一，就是理论抽象程度越来越高，表现为科学家研究过程中所使用的数学工具越来越复杂。也正是这一特点导致了科学理论的预见性越来越大，并且这种预见性又对科学研究的思路指导和超前探索起着越来越大的作用，其应用价值和方法论意义也日益凸显出来。

科学理论之所以具有准确的预见性，与其自身的本质特征存在密切的关系。科学理论是一个完整、系统的演绎体系，因此科学家利用逻辑推导可以做出很多的推论，这些推论就是明确的预言，在逻辑学上，这些推论都是单称判断，因而通常是具体、细致的数据、结论等。由于现代科学技术的高度复杂性，研究对象深入到不可见的微观层次和扩展到遥远无垠的宇观范围，所以科学家只能够依赖科学理论进行超前的探索和分析，这样才可以提出自己的预见和结论。但与此同时，科学家理论上提出的结论（预言），一方面可以成为检验其理论是否具有科学意义和价值的标底；另一方面又可以成为工程师进行技术创新的指路明灯或风向标，指引他们的发明和设计的思路与方案。因此，从方法论角度看，这种模式，即“通过验证理论上的预言或在理论指导下做出重大实验发现”完全具备了重要的方法论功能和价值，可以成为科学探索与技术发明的参考途径和技巧进行广泛推广和利用。今后的科学研究活动，其理论抽象程度会越来越高，这必然使这种模式具有普遍性，将成为科学技术发展的重要方式之一。

按照英国著名哲学家波普尔的“否证主义”学说，科学研究始于问题，然后科学家提出各种猜测和假设，通过竞争，逼真度较高的猜测和假设被科学共同体接受，再然后这些猜测和假设被否证，又出现新的问题，再提出新的猜测和假设，这一过程不断循环，科学也就不断发展和进步。应该注意的是，按照波普尔的观点，这里提到的猜测和假设就是科学家理解的“理论”。也可以说，波普尔眼里的理论就是猜测和假设总是会被否证掉的。既然如此，那么科研人员，特别是从事技术开发/设计的工程师就应该随时关注科学理论的发展，只要出现新理论或新学说，就应该及时进行相关的探索活动。这也是科研选题的重要途径和有效方式。

四、深入分析数据差值获得成果

英国物理学家瑞利在发现第一个惰性气体元素氩时，提出了这一方法论原则。瑞利因氩的发现而获得 1904 年的诺贝尔物理学奖。

自 1882 年起，瑞利开始用两种不同的方法测定氮气的密度。一种方法是让空气通过液态氨，使氧气和氨发生化学反应，接着再让剩余气体通过装有炽热铜的管子（以检验氧气是否完全被氨吸收），然后用硫酸吸收剩余的氨，剩下的就是氮气。用此法测的氮气密度为 1.2560×10^{-3} 千克/ 升。另一种方法是让空气直接通过炽热的铜，以便其中的氧气和铜发生氧化反应。此法测出的氮气密度却是 1.2572×10^{-3} 千克/ 升。瑞利认为，两者的差值虽小，但已超出了合理的误差范围。进一步分析后，瑞利发现，第一种方法取得的氮气并非全部来自空气，而是有 1/5 来自液态氨。在拉姆塞的建议下，瑞利决定在第一种方法中用纯氧代替空气进行实验，这一思路实际上是特意放大两种方法的差值。结果是，来自液态氨的氮气比来自空气中的氮气密度要低 5‰。他初步认定，空气中存在一种比氮气密度还大的新气体。瑞利测出这种新气体的密度约为氮气的 1.5 倍，含量约占空气的 0.93% ，原子量为 39.95，是一种化学性质极稳定的气体，他命名为氩，希腊文原意是“不活泼”，现在它的符号为 Ar（在 1957 年以前，它的符号是 A）。

显而易见，这里的方式是一种具体的方法论规则或准则，它要求实验科学家在进行实验方案的设计和构思时，应该提出两套以上不同的实验思路，以便能够发现其中的不同点和差异，从而有所突破。由于自然界的普遍联系，以及相互联系的多样性和复杂性，这种模式往往会导致重要的科学发现。

五、自制独特仪器实现创新实验

几乎所有诺贝尔科学奖中的重大发现都是通过上述方式取得的。这表明动手能力对物理学家的重要性，同时也说明创新的实验技术是取得重大科学发现的途径和条件。

美国物理学家戴维斯、日本物理学家小柴昌俊因各自独立探测到宇宙中的中微子获得2002 年诺贝尔物理学奖。

中微子又译作微中子，是轻子的一种，是组成自然界的最基本的粒子之一，常用符号 v 表示。中微子不带电，自旋为 1/2，质量非常轻（小于电子的百万分之一），以接近光速运动。中微子是一种基本粒子，几乎不与其他任何物质作用，在自然界中广泛存在。太阳内部的聚变核反应会产生大量中微子。物理学家发现，中微子只参与非常微弱的弱相互作用，具有自然界最强的穿透力，能穿越地球直径那么厚的任何物质。平均在 100 亿个中微子中只有一个会与物质发生反应，因此中微子的检测非常非常困难。

美国科学家戴维斯的实验方案是在1500 米的地下矿井中用615 吨四氯乙烯作为探测介质，反应原理是 $v+{}^{37}Cl \rightarrow {}^{37}Ar+e^-$，用此方法戴维斯在 30 年里共探测到源于太阳的近 2000 个中微子，而且他发现太阳中微子的流量要比理论预测值少 1/3~1/2。

日本物理学家小柴昌俊是在神冈的 1000 米深处的一个废弃的砷矿里进行实验的，探测介质是纯水，容量高达 5000 吨，后提高到 5 万吨。整个试验装置实质上是一个巨大的水介质切伦科夫探测器。探测技术的提高，人们可以观测到来自天体的中微子，导致了一种新的天文观测手段的产生。

当代科学技术的研究活动虽然可以利用现有的各种各样的通用仪器设备来进行，但大多数创新性质的观察实验活动仍然需要科学家自己研制特殊的仪器设备，或者改进、配套已有的仪器设备才能够实现科研目标。这是因为创新性的科研探索活动往往面对和需要处理的是全新的自然现象，其实验条件比较特殊、实验对象比较复杂，通用的仪器设备一般无法满足科学家的需要。这一规律说明，科学家应该重视培养自己的动手能力，理论科学家必须了解、掌握一些设计、构图方面的知识和技能，这对实验探索活动是非常有益的。同时，这一特点也表明，当代科学技术的研究工作已经对科研人员的综合能力提出了较高的要求，高等教育界必须认识到这一发展趋势的影响，在相关的课程安排、内容教授和能力训练方面进行适当的调整，以便培养出全面的科学技术工作人员。

六、通过敏锐思维抓住理论矛盾

德国物理学家伦琴在发现 X 射线后，总结出了上述方法论原则。伦琴因发现 X 射线获得 1901 年第一届诺贝尔物理学奖。1895 年 11 月 8 日，伦琴在实验室中利用希托夫–克鲁克斯放电管进行阴极射线的实验。当放电管接到高压感应圈的电极后，他发现离放电管大约 1 米远的一块涂有铂氰酸钡的纸屏上出现一道闪烁的微光，伦琴把纸屏翻转，以及纸屏挪到 2 米远时微光仍然出现。这一现象让伦琴大为吃惊，因为过去勒纳的著名实验已表明，阴极射线在空气中传播的距离很短。进一步的实验让伦琴更加吃惊，这种特殊射线有极强的贯穿性。伦琴将这一射线命名为 X 射线。

在伦琴之前，英国物理学家克鲁克斯、美国物理学家古德比斯德及德籍匈牙利物理学家勒纳均在实验中观察到 X 射线产生的底片意外曝光现象。可惜的是这三人均未重视这种发现。可见，在实验中关注细节、重视偶然，是科学家须具备的素质之一。

从科技史角度看，大多数科学家在碰到观察、实验结果与已有的经验、理论矛盾时，往往是先怀疑观察、实验可能存在误差，也有的科学家是通过提出辅助性的假设来维护受到挑战的理论。我们认为，上述方法和态度都存在一定的不足和问题，因为这些科学家没有考虑科学的“范式”周期。按照美国著名科学哲学家库恩的“范式”更迭理论，科学发展是从前科学时期（无公认的范式）→常规科学时期（有公认的范式）→科学危机时期（范式受到挑战）→科学革命时期（新范式取代旧范式）→新的常规科学时期……的周期运动，这是科学发展的带有普遍性的动态模式，它符合科技史中科学发展的实际过程。既然科学发展具有上述的“范式”更迭规律，那么科学家在科学研究活动中，就必须考虑自己所在学科或研究领域是处在那个“范式”周期，然后根据不同的周期采取不同的方法和措施。

例如，如果科学家所在的学科处于前科学时期，这时的特点是科学界无公认的范式，各种学说、假说、观点等争奇斗艳、百花齐放，不存在一个公认的理论。显然，这时的科学家就应该尽量提出自己的独特学说去和别的科学家竞争，而不应该随意附和其他科学家的观点。

如果科学家所在的学科处于常规科学时期，这时的特点就是有了科学界公认的范式，也就是说，绝大多数学者接受了这个“范式”，这时科学家就应该按照这一“范式”的指导进行相关的推广、拓展和应用工作。事实上，科技史中大多数科学家也是这么做的。例如，17 世纪后半叶，牛顿经典力学体系建立后，科学家进行了大量拓展和应用工作，创立了不少牛顿力学的分支学科，诸如流体力学、空气动力学、材料力学、结构力学、天体力学、热力学、地质力学等。显然，在常规科学时期，科学家不应该进行否定、排斥已经被公认的“范式”的工作，这样做不仅很难取得有价值的科研成果，而且往往无功而返，浪费自己的时间和经费。类似于堂吉诃德大战风车，自己给自己找假想的敌人，可以说是在做无用功。牛顿经典力学自 1687 年《自然哲学的数学原理》正式发表算起，到 20 世纪初爱因斯坦相对论创立后被“否证”（波普尔语），其常规科学时期历时 2 个多世纪，这是相当长的时间，历经 5 代以上的科学家的生命周期。可见，有些科学家是从出生到过世的完整的一生都是在牛顿经典力学的常规科学时期中度过，如果这个科学家从事的是试图推翻、否证牛顿经典力学的工作，那么他或她肯定基本上不会取得有什么科学意义和价值的科研成果。

如果科学家所在的学科处于科学危机时期，这时的特点是原有“范式”受到了挑战，通常是严重的挑战，其表现是有越来越多的现象用老“范式”无法做出合理的解释。这时候科学家就不应该千方百计维护老的“范式”了，相反应该大胆地怀疑和否定它，在具体做法上是尽量提出自己的新理论以取代老“范式”。如果在科学危机这一时期，科学家还仍然试图通过修修补补老“范式”来维持其存在，可以说也是在做无用功，最多只能够让它苟延残喘。而且科学家的这种维护工作也不可能产生有价值的科研成果，牛顿经典力学后期发展的历史过程已经充分说明了这一规律。

如果科学家所在的学科处于科学革命时期，这一时期的突出特点是新范式取代了旧范式，科学领域发生了重大的革命，类似于社会领域朝代的更换。显然，在科学革命时期，科学家应该主动抛弃老“范式”，而接受其他科学家提出的具有合理性和科学性的新“范式”，或者自己提出能够取代老“范式”的创新的新“范式”。如果在科学革命时期抱残守缺，试图保护老“范式”不被推翻，那就无疑于是阻碍科学的进步和发展的“保皇派”，基本上也起不到作用。新的“范式”确立后，科学就进入新的常规科学时期，科学也就按照这一动态模式循环往复、不断进步。

显而易见，库恩的“范式”更迭理论具有明显的方法论功能和价值，在不同的“范式”更迭周期，科学家只有采取与对应的发展周期相适应的方法才有可能获得有价值的科研成就。可以说，这种规律和方法对科学家的研究工作具有战略性的指导意义，而且它无论是对整体的科学，还是对具体的某个专业领域都具有意义和价值，应该引起科学家的高度关注。

第三节　技术发明领域

一、科学发现导致重要直接应用

新发现往往是某一自然事物特殊结构、性质的一种表现，因而可用于人类的实践领域。这提示科学家应该把基础研究和应用研究、开发研究结合起来，从而加快科研成果向生产力的转化。

1973 年诺贝尔物理学奖得主、日本物理学家江崎玲于奈发明隧道二极管就属于这一类型。江崎 1957 年采用的锗单晶体掺杂半导体有一个很窄的 P- N 结，实验证实了“反向二极管”的存在，其反向导电性比正向导电性还好。进一步的实验表明，这恰是许多人寻找的半导体隧穿效应。随后，他利用发现的隧穿效应研制出具有优异反向负阻特性的隧道二极管。

1957 年，江崎在研制新型高频晶体管时，按照逆向思维意外地发现高掺杂窄 P–N 结的正向伏安特性中，存在着“异常的”负阻现象，而且只要一增加含有大量杂质的锗为原料的二极管的电压时，就马上可以看到电流随着电压的升高而减小。通过理论分析，江崎认为这种负阻特性是由于电子空穴直接穿透结区而形成的，从而为隧道效应提供了有力的证据。在随后的研究中，他发明了由隧道结制成的隧道二极管。江崎还发现，把具有这种特性的半导体作为新的电子元件，可以应用于开关电路和振荡电路，以及高速电路（如电子计算机等装置），这是非常重要的发明。

由于在半导体和超导体方面的隧穿效应的贡献，江崎玲于奈获得了 1973 年诺贝尔物理学奖。

1973 年另一位诺贝尔物理学奖得主、英国物理学家约瑟夫森 22 岁时在理论上做出的惊人预言导致了后来被称为“约瑟夫森效应”的重大发现。“约瑟夫森效应”带来了许多极其灵敏仪器的发明，如在量子干涉度量学方法基础上开发的高分辨率超导量子干涉器。

技术发明的这一模式给我们的启示在于，技术与科学的关系越来越紧密了，许多重大的科学发现往往很快在技术领域获得应用，这意味着在基础研究领域里的科研投入具有重要的战略价值，是一个国家的“风险投资”，也类似于西方发达国家在军事科学技术领域里所谓的“暖起动性”（warm start），指在需要时能很快找到相关的科研人员进行研究活动，而不是一切从零开始。有鉴于此，美国政府特别强调技术基础应当建成为一个“技术储备”库，它不是现成的技术图纸或工程设计，这个“技术储备”库是一个能够反映技术动态发展的、“有大范围技术可能性”的计划，而且此计划随技术进步而不断更新，以确保计划始终处于世界的领先地位。同时，这一技术储备库还应该包括一大批对军事科学和技术十分熟悉的专业科研机构和个人，以便这种技术储备具有根据国家需要随时启动的能力。另外，政府科研部门要高度重视技术发展趋向、技术可能突破的领域及重大科学发现对军事技术影响等方面的分析和预测工作，以时刻保持“技术警觉性”。在德国，这种预测工作被称为“技术扫视能力”，具体由德国国防部资助的弗劳恩霍夫应用研究促进协会下属的科技趋势分析研究所进行，国防部根据此预测向工业界公布其军事科研重点项目的长期规划，以指导企业把资金投向相关技术领域的前期研发——一般为定向基础研究和应用研究（约翰·阿利克等，1999）。

二、全新发明实现过去技术设想

在科技史中，一些极具创意的技术设想由于当时工艺和其他条件的限制而难以实现，但后来产生的新发明使这些技术设想成为现实。全息照相术就是一个典型。这说明研究人员应该重视已有科技文献、科技成果等的收集、整理工作，以便汲取其中的“营养”为自己的研究工作服务。

全息照相术由美籍匈牙利物理学家伽柏在研究提高电子显微镜分辨率时于 1948 年提出。其设想是同时记录光波的振幅信息和相位信息并使光波再现，然后运用光的第二次衍射，就能得到物体逼真的立体图像（普通照相只能记录振幅信息）。由于普通光的单色性和相干性差，伽柏用高压水银灯作为相干光源拍摄的全息照片效果很不理想，所以他的设想未引起科学界和工业界的关注。1960 年，激光发明后，伽柏的全息照相术才获得新生。伽柏获得 1971 年诺贝尔物理学奖。

这一技术创新的模式充分说明，技术体系是一个相互影响、相互作用和相互促进的整体系统，同时也表明，当代前沿技术，也称“种子技术”（美国国家科学技术委员会的称谓）的研发，需要技术人员经常了解、回顾过去的科学技术成果，包括自己本专业的也包括专业外其他领域的科技成果，这有助于技术人员在研发过程中得到启发和帮助。这也同时要求高等教育界在培养工程技术人才时，应该加强科技史课程的讲授。在当代西方发达国家，科技史课程的教育受到高度重视，中国在这方面与西方发达国家相比还存在很大的差距，一方面是教育界不重视科技史课程的教学，课时安排得较少，教材编写工作不被重视；另一方面，本科生和研究生也不重视科技史课程的学习，认为作用不如专业课大。他们不仅对科学技术的通史不重视，对科学技术的专史也不够重视。有鉴于此，中国高等院校应该在各个专业的本科生中均开设科学技术的通史课程，同时针对不同专业再开设科学技术的专史。

三、运用独特设计思路开发技术

技术发明领域最能体现人类的创造性和想象力，在获得诺贝尔物理学奖的重大发明成果中，有一多半是通过独特的设计思想而研制成功的。这表明创新性思维对技术发明至关重要。

集成电路的研制过程就充分说明了这一点。早在 1952 年英国物理学家达默（W.Dummer）就创造性地提出，应该能够研制出不需要连接线的、单块整体形式的电子器件。1959 年，德州仪器公司的杰克·基尔比按照达默的设想，成功制成第一块集成电路。同年，加利福尼亚州仙童公司的赫尔尼（J. Hoerni）和诺依斯（R. Noyce）发明了独特的“平面工艺”，使集成电路的生产实现了工业化。后来，诺依斯和一些同事组建了著名的英特尔公司（Intel）。

除在军用领域外，集成电路在民用领域也有广泛的应用前景，且需求量更大，其典型应用是微型计算机。微型计算机的关键部件——微处理器是由英特尔公司的吉尔伯特·海厄特于 1970 年发明的，这一发明具有划时代的意义。同时，集成电路在通信（数字交换机等设备）、自动化（数控机床和工业机器人等）、家用电器等众多民用领域获得广泛应用。其数量大大高于军方的采购量。以美国为例，美军方 1965 年的集成电路采购量占全美生产总量的比重高达 72%，但到 1975 年就迅速降到 15%，1985 年为 12%，而 1990 年只占 8%，同年民用集成电路占 92%（约翰·阿利克等，1999）。

这种模式的技术创新给我们的启示在于，独特的思维是取得技术发明成功的最重要因素，当然这种思维活动包括逻辑思维也包括非逻辑思维（想象、直觉、灵感、顿悟等）。我们这里提到的集成电路的设计思路，就是逻辑思维成功的例子。与科学研究比较起来，影响技术发明过程的因素有时要多得多，不仅包括科学知识，还包括动手能力、生活经验、试验技巧、思维方式、兴趣爱好、心理意志和文化背景等技术之外的多种多样的因素，也正是因为如此，历史和现实中有些重要技术发明的完成者不一定是受过高等教育的人，这种情况国内外都是存在的，其原因就在于技术发明有时靠发明者的经验层面的能力和知识就能够完成，这一点在前沿技术领域也不例外。在科学技术史上，国内外都有类似的著名案例。例如，无线电通信设备的发明者马可尼就是典型，马可尼没有受过高等教育，他研发这一设备时仅仅 20 岁出头，他的成功主要归于他的兴趣爱好和心理意志等品质。美国著名发明家爱迪生研发电灯、电话、留声机等，中国河南省滑县农民李官奇发明大豆纤维织物也都属于这种情况。也正是这一原因，在科学技术史上有的国家为了寻求某个技术问题的最佳解决方案，会向全社会公开进行征集。欧洲的法国、英国等在 18~19 世纪的工业革命时期就采用过这种做法，取得了显著的成效。当然，在科学研究领域，法国和英国在同一时期也采用过这种做法。

在当今“大技术”时代（对应“大科学”时代的说法），虽然技术的研发越来越专门化和职业化，已经成为一种社会“建制化”的专业活动，但非职业发明家的技术开发活动在各国仍然广泛存在。有鉴于此，我们认为有些技术问题、难题等完全可以向全社会公开悬赏征集设计方案，应该相信普通民众的智慧是无穷的，非职业发明家和职业发明家相比较，可能在思路上有非常独特的地方，往往能够提出解决复杂技术问题的新思路。

四、依据理论成果研发重大发明

现代科技发展的趋势和特点之一，是科学与技术的关系越来越紧密。表现在技术开发上，就是许多重大发明的技术原理来源于最新的科学理论。

获得 1987 年诺贝尔物理学奖的成果——高温超导材料和另外一项重要的

发明——激光技术是这种方式成功的典型。

由于超导现象的复杂性，直到 1957 年才形成解释它的 BCS 理论。这一理论由美国物理学家巴丁（John Bardeen）、库珀（Leon Cooper）和施里弗（John Schrieffer）共同提出。

20 世纪 60 年代，科学家发现，某些在常温下不导电的金属氧化物在低温下可成为超导体，但无法做出理论上的解释。70 年代末开始，瑞士物理学家缪勒和他的博士生、德国人柏诺兹运用 BCS 理论推出，在含有强“电-声”耦合作用的系统中，将有可能找到高转变温度的超导材料，而氧化物正符合这些要求。1986 年他们通过试验证实钡镧铜氧化合物具有超导性，且转变温度高达 35K。缪勒和柏诺兹获 1987 年的诺贝尔物理学奖。

激光技术原理源于爱因斯坦 1916 年提出的“受激辐射理论”。要真正产生激光，必须实现“粒子数的反转”，但当时的技术条件却不具备。第二次世界大战时期，科学家对微波的深入研究为受激辐射的产生找到了新的途径，并发明了微波放大器。在上述成果的基础上，查尔斯·汤斯认为氨分子本身可能成为一个微波源，因而可以利用原子、分子的受激辐射来产生和放大微波。汤斯的工作得到美国陆军和海军的大力支持，并成功实现了光放大（即射入的光子很少，但却激发出许多相同频率且方向一致的光子）。1958 年，汤斯和阿瑟·肖洛提出了光激射器（单色光放大器）的设计原理。1960 年，美国加利福尼亚州休斯飞机公司的西奥多·梅曼利用人造红宝石成功振荡出了红色脉冲激光，它比太阳表面亮度高 3 倍，是自然界中过去不存在的一种新光源。

激光具有十分独特的优点，即单色性好、亮度极高及相干性极佳，因而很快被用于工农业生产及军事、通信、医疗等领域。

这种模式的技术创新给我们的启示是，随着尖端技术的研发越来越依赖前沿理论的突破，基础研究也越来越重要了。从科技史角度看，许多现代和当代的重要工业技术是与现代科学（理论）革命的产生及随后的广泛应用紧密相关的，如 20 世纪 40 年代以来的电子计算机技术、半导体技术、核能技术、无线电通信技术、高分子合成技术、遥感技术、自动控制技术等为基础的一批新兴技术产业的迅速崛起就是这样。20 世纪 80 年代后，科学革命继续深入发展，进而形成了以微电子技术、生物工程技术、卫星及光纤通信技术、航天技术、光电子技术、激光技术、新材料技术、新能源技术、机器人技术等为标志的新兴技术群（亦称现代新技术革命），这些成果不仅极大地促进了高新技术的发展，而且在各个领域获得广泛应用并大大提高了整体工业技术的水平。

与此同时，尖端技术的这种发展模式使得主要从事基础研究的高等院校将在未来的尖端技术研发中发挥越来越大的作用。事实上，许多重大的尖端技术都源于大学和科研机构基础研究过程中的重要发现、创新思路或实验中形成的“种子技术”。因此，工程技术人员只有加强与大学科研人员的通力合作才能及时将最新科学理论成果转化为尖端技术，这也是技术开发的战略措施之一，美国等一些西方发达国家在科技政策上还对相关问题做了调整和改进，以适应科学技术的这一发展趋势。

现代科技发展的特点之一是科学与技术的联系日益紧密，“科学技术化、技术科学化”成为明显的趋势，使得基础研究导致一系列重大尖端技术的产生。从无线通信、原子弹、雷达到晶体管、基因工程、GPS 等均是如此。大学是从事基础研究的主要机构，且由于其自由的学术氛围、超前的理论探索和创新的实验设计，大学成为新发现、新思想、新仪器、新原理和新设计的发源地。因而在尖端技术的发展中大学起着重要的基础支撑作用，是科技领域的“先遣队”。

正是考虑到上述因素，西方各国政府才努力调整科学技术政策，以充分利用一切科技资源加速尖端技术的发展。其中，建立以大学科研力量为核心的高技术园区是成效突出的举措之一，世界上著名的高技术园区，如美国的硅谷科技园、日本筑波科技园区、中国台湾新竹高科技园区、中国大陆中关村科技园区、俄罗斯莫斯科高新科技园区等。目前，中国不少省市都建立了科技园区，表明这种模式已经成为发展高技术的有效途径之一。

五、改进已有技术形成重大创新

在获得诺贝尔物理学奖的技术发明中，有一些是通过对已有技术进行重大改进提高后获得的。虽然在技术原理上没有本质突破，但应用成效明显，并导致其他一些重大发明的产生，因此获奖。可见，科学家应重视对已有实验仪器设备的改进提高工作，这同时也可作为科研选题的途径之一。

由法籍波兰物理学家夏帕克（G. Charpak）发明并获 1992 年诺贝尔物理学奖的探测装置——多丝正比室，就属于这种类型的发明。早在 20 世纪 30 年代，正比计数管就作为原子核辐射探测器得到广泛应用。正比计数管因体积小不能进行大规模探测，人们自然想到将多个正比计数管组合在一起形成多丝正比室，但很多人认为各丝之间会因电容耦合产生信号串扰。夏帕克分析后认为，雪崩效应在一根丝上产生负脉冲，却在相邻的其他丝上产生正脉冲，如果使用只对负脉冲灵敏的信号放大器，那么每根丝就能独立地工作。按这一思路，夏帕克成功发明了多丝正比室，且每根丝的记录数率高达几十万次。

目前，多丝正比室已广泛应用于粒子物理实验，成为高能物理实验的主要探测器之一，许多实验已达到使用几千甚至几万根阳极丝的规模。此外，它还广泛应用于核物理、天文学及宇宙线物理中，并正在逐步应用于医学、生物学等领域，如 X 射线、正电子、质子或中子的照相诊断。

这种模式的技术创新给我们的启示在于，改进、提高已有的重要技术是进行技术创新的有效方式之一，这种改进和提高虽然不属于技术原理创新式的发明，但仍然能够导致重要的技术成果。这种量变的技术进化类似于科学的"常规科学时期"（库恩语），因此可以称为"常规技术时期"。从科学技术史的角度看，技术的发展和进化与科学的发展模式是相似的，按照库恩的范式更迭理论，技术的进化过程应该是前技术时期（无公认的技术标准）→常规技术时期（有公认的技术的标准）→技术危机时期（已有技术无法满足现实需求）→技术革命时期（新的技术发明取代老的技术）→新的常规技术时期（新的技术标准确立）……

与科学比较起来，技术的常规时期延续的时间要比科学的常规时期短不少，而且有越来越短的明显趋势。例如，牛顿经典力学的常规科学时期长达 210 多年（1687 年到 20 世纪初），而第一次技术革命（蒸汽机技术）的常规技术时期是 130 多年（1770~1900 年），第二次技术革命（电力技术）的常规技术时期是 40 年左右（1910~1950 年），第三次技术革命（电子计算机技术、原子能技术）的常规技术时期是 50 年左右（1950~1990 年）……

这种模式的技术创新给我们的更大的启示在于，在技术的常规时期也可以取得重大的成果，这意味着科学技术落后的国家和地区通过这种模式有可能赶上发达国家和地区的技术水平，而不一定非要通过技术原理突破的原始创新才能够赶超发达国家。这一点对中国的科学技术发展战略极为重要。

六、应用已有设计攻克技术难关

虽然以这种方式获得诺贝尔物理学奖的重大发明只有一项，但具有普遍的意义。1989 年，美国物理学家拉姆齐（Norman F. Ramsey）因发明铯原子钟获得诺贝尔物理学奖。

铯原子钟的研制过程十分曲折，其原理早在 1940 年就由美籍奥地利物理学家拉比（Isidor Rabi）提出，但由于技术条件不具备而无法实现。20 世纪 40 年代末期，拉比的学生拉姆齐开始进行相关的开发工作。但拉姆齐碰到一个头疼的技术难题：如何保持均匀的微波场和磁场。虽然理论上得出振荡场区加长后谱线宽度变窄，从而使频率测量的精度提高，但实际效果却因加长振荡场区后原子束的强度减弱而无法提高精度。拉姆齐在一次上课时，看到教材中关于迈克耳孙测星干涉仪的设计思想后受到启发，找到了解决难关的途径：在振荡场两端增加两条狭窄的振荡区，同时两端的驱动微波位相一致就可实现这一目标。尽管这时振荡场仍无法保持均匀，但共振曲线的宽度却变窄 40%。1952 年，拉姆齐成功研制出世界上第一台铯原子钟。

这种模式的技术创新给我们的启示是科研人员应该注意对科学技术史中已有成果的学习和了解，对于工程技术人员来说，还应该关注历史上的专利成果的设计思路和具体内容。

第五章 具有方法论意义的新型科学方法

20世纪以来，科学技术迅猛发展，各国科学家不断取得重大突破，许多重要科技成果获得了诺贝尔科学奖。在这些获奖成果中，有些具有明显的方法论意义和价值，值得我们进行相关的深入研究和探讨。从科技史的角度看，科技的发展与方法论的进步是密不可分的，科学方法为科学研究提供有力的工具和条件；反过来，科学研究的成果，尤其是重大成果又为丰富科学方法论提供可能和基础，两者相互促进、相互影响，共同推动科学技术的发展。

第一节　基础研究领域

一、重整化方法

重整化（renormalization）方法由日本物理学家朝永振一郎、美国科学家施温格（Julian Schwinger）和费曼（Richard P. Feynman）三人共同提出，这一重要成果获得了1965年的诺贝尔物理学奖。

重整化方法与量子物理学中为解决无穷发散问题的“正规化”方法有关。量子场论在高能区（动量取大值时）是发散的，也就是说可以导致无限大的出现，此即所谓的“紫外发散”。物理学家为了计算这个无限发散的有效部分，也就是扣除发散以后的部分而提出了“正规化”的方法。应该注意的是，正规化不能消除发散，但是可以得到除发散以外的有意义部分。所有的正规化方案在扣除无限大发散以后得到的有效部分几乎是相同的。物理学家于是认为：这些无穷大可能是某些未知的因素导致的“计算错误”，因此只需将这些错误扣除，就能够得到正确的理论，这就是重整化方法的核心思想。

重整化的基本观点，就是在作用量中加上一些“抵消项”，从而使得无穷大消除。简单地说，就是用新的无穷大抵消原有的无穷大，而且使最后的计算结果能与实验结果相匹配、相吻合。以物理学中的 Phi4 理论为例，它需要加上三个抵消项：质量抵消项、场重标度项和跑动耦合常数。其中，质量抵消项直接将计算中的无穷大扣除。场重标度项则保证了传播子可以得到正确的在壳条件和留数，而跑动耦合常数则保证了相互作用强度与实验能对应起来。

重整化以后的理论不发散，而且能与实验结果进行比较，从而可以得到相应的正确观测量。而其跑动耦合常数则告诉我们：在不同的能量环境中，物理客体的性质是会发生变化的。这点后来在夸克幽闭等物理难题中得到了很好的应用，而标度相对论中则将这个观点与分形理论进行了结合。

重整化方法在物理学界引起了广泛讨论和争议。重整化的一个重要思想，是一个物理理论原则上是不应该发散的，即是不可重整的。有的物理学家则认为，所有科学理论都只是局部有效的理论，它们都有各自的适用范围。除了所谓的“终极理论”或“绝对理论”，所有理论在原则上都是不可重整的。但在科学研究的实践中，由于场论没有考虑高能物理，或者说物理学家还不知道高能物理的内在的本质与规律，所以得到了发散的结果。而重整化是一种将这些物理学家还不知道的高能机制模糊掉、化解掉的一种方法，也就是说，虽然物理学家不知道高能物理规律到底是什么，但其在计算中应该如何体现出来他们却是清楚的，即体现在保留的非无穷大（有限）部分中。因而，一个重整化后的理论是有效的，但并不是最终正确的。最终正确的理论肯定是不包含重整化的，因为它必须能够解释高能行为。

而有些物理学家却认为这里的无限大发散完全是来源于数学上的“微扰展开”，场论本身是收敛的，但是微扰展开以后却是发散的了，这完全是所采用的数学方法的问题，因而重整化方法只不过是一种数学技巧，并没有新的物理内涵。

虽然一些物理学家对重整化方法存在争议，但是从与实验结果的比较来看，重整化确实是一个非常有效的解决问题的手段，因为重整化以后的 QED 与实验的符合程度是目前为止所有物理理论中最好的。同时，重整化方法作为处理无限发散问题的一种有效方法和技巧，可以在其他理论学科，如量子物理、超导物理、量子化学、量子生物学等的探索中得到应用，方法论作用十分明显。

重整化方法的进一步探讨又导致了重整化群理论的研究。其背景是，重整化并不因为存在发散才变得必要，所以重整化的修正并不一定都是无穷大。事实上，存在有限大小的重整化修正。仍以电子在固体中的运动为例，晶格的背景作用给电子对外力的响应带来的影响是同电子的运动状态有关的，所以重整化的质量或其他量依赖于粒子的运动状态，即依赖于粒子运动的能量标度。不同标度下重整化所得到的量（有效的量）是有限大小的量，它们之间的差别显然也是大小有限的。从一个标度下的有效量到另一个标度下的有效量通过重整化联系起来。所以，重整化给理论参量带来的改变可以看成是对它们的一种变换，所有这种变换的全体构成群，称为重整化群。它反映了体系在标度变换下的行为。

重整化群、有效拉氏量及渐近自由等概念的提出和引入使得人们对重整化的物理认识进一步得到深化，重整化不再仅仅是消除计算发散的一种技巧，而是物理相互作用随所研究现象的标度变化的体现。重整化群方法已经成为量子场论中的重要方法，它不仅能给出耦合常数的渐近行为，而且结合算符乘积展开对一些深度非弹性散射过程的计算十分方便和重要。当然，重整化群方法还在统计物理中关于相变临界现象的研究方面发挥重要作用，而且重整化群理论的研究对构造大统一场论也是非常重要的。

二、唯象方程法

唯象方程法是指利用研究对象与自然界中某类已知事物的现象层面的相似为基础，同时运用与该已知事物的方程类似的方程来描述研究对象的一种方法。

在科技史中，唯象方程法典型的成功案例是量子理论中的波动力学，即著名的薛定谔方程。奥地利理论物理学家薛定谔（Erwin Schrodinger，1887～1961）根据微观粒子具有波粒二象性的特点，将牛顿力学中经典的波方程（如水波、声波的方程）套用到微观粒子上，从而得到了刻画微观粒子的波动方程（薛定谔方程）。薛定谔因为这一成就获得了 1933 年诺贝尔物理学奖。

薛定谔方程是将物质波的概念和经典的波动方程相结合建立的一个二阶偏微分方程，可以描述微观粒子的运动，每个微观系统都有一个相应的薛定谔方程式，通过解方程可得到波函数的具体形式及对应的能量，从而了解微观系统的性质和规律。薛定谔方程是一个非相对论的波动方程，它反映了描述微观粒子的状态随时间变化的规律，它在量子力学中的地位相当于牛顿定律之于经典力学，是量子力学的基本假设之一。设描述微观粒子状态的波函数为 $\Psi(r, t)$，质量为 m 的微观粒子在势场 $V(r, t)$ 中运动的薛定谔方程就可以得出。在给定初始条件、边界条件，以及波函数所满足的单值、有限、连续的条件下，可解出波函数 $\Psi(r, t)$。由此可计算粒子的分布概率和任何可能实验的平均值（期望值）。当势函数 V 不依赖于时间 t 时，粒子具有确定的能量，粒子的状态称为定态。定态时的波函数可写成 $\Psi(r)$，称为定态波函数，满足定态薛定谔方程，这一方程在数学上称为本征方程，薛定谔方程中的 E 为本征值，是定态能量，$\Psi(r)$ 又称为属于本征值 E 的本征函数（朗道和栗弗席兹，2008）。

显然，唯象方程法可以应用于任何科学技术领域，尤其在科学研究的理论探索领域更加有效，具有很高的方法论价值。在科学前沿领域，唯象方程法越来越受到科学界的重视。

在量子物理中，超弦理论也属于唯象方程法的应用。超弦理论也称为“超弦唯象学”，是超弦理论发展的主流方向之一，它立足于物理数学逻辑内在自洽的超弦微扰论和久经实验考验的粒子物理学（唯象研究结果）的标准模型，通过寻找二者的联系，致力于发现超弦理论真正的规律。“超弦唯象学”力图建立起一个（3+1）维（4 唯）的超弦理论，使之成为 10 维超弦理论的低能极限，并为目前粒子物理学中的标准模型提供一个可靠的弦论背景。一些理论科学家认为，超弦唯象学的研究，是超弦理论最终接受物理实验检验的不可逾越的重要环节，它将极大地深化人们对时空结构、宇宙演化和自然界基本相互作用的理解。

第二节　技术（实验）领域

一、两侧相干趋稳法

诺曼·拉姆齐在研制铯原子钟提出了这一方法。该发明获得 1989 年诺贝尔物理学奖。

铯原子钟是以铯-133 原子基态的两个超精细能级之间的跃迁所对应的辐射作为计量的标准，精度极高，每年的误差不超过百万分之一秒。研制开发铯原子钟的目的是验证爱因斯坦相对论中关于运动的时钟会变慢的预言。20 世纪 40 年代末期，美国哥伦比亚大学实验室的拉姆齐开始进行开发，但他碰到一个非常头疼的技术难题：如何保持均匀的微波场和磁场。虽然理论上得出振荡场区加长后谱线宽度变窄，从而使频率测量的精度提高，但实际效果却是因加长振荡场区后原子束的强度减弱而无法提高精度。

拉姆齐后来在哈佛大学讲课时看到教材中迈克耳孙测星干涉仪的设计思想后受到启发，从而找到了解决技术难题的途径。测星干涉仪是在天文望远镜上增加了两道反射镜（相距 6 米），构成望远镜的两翼，两翼的光束互相干涉，使得对星体角直径的分辨率提高了几十倍。拉姆齐发现，如果在振荡场两端增加两条狭窄的振荡区，同时保持两端的驱动微波位相一致就可以实现自己的目标。尽管这时振荡场仍无法保持均匀，但共振曲线的宽度却变窄了 40%。1952 年，拉姆齐成功研制出铯原子钟。

从设计思想角度看，“两侧相干趋稳法”对所有技术开发领域均有借鉴价值，如在造船领域，可以利用这种方法在船的两侧增加相同重量的较重物体（一般是金属材料），这样船在风浪中的稳定性就会大大提高，不容易翻船，其原理也是“两侧相干趋稳法”。在社会科学的各领域也可以运用这种思想进行思考，如各国的政府内阁机构、最高司法机构等的决策人员的人数通常是奇数，这相当于最高决策者的两侧是起相同“重量”的“重物”的角色，从而有利于决策过程的“趋稳”。可见，“两侧相干趋稳法”具有普遍的方法论意义。

二、双程序差值比较法

这一方法由约翰·瑞利在发现惰性气体元素氩时提出。该成果获得 1904 年诺贝尔物理学奖。

“双程序差值比较法”是指，针对某对象的两种不同实验方法之间的数据差值一开始就存在时，必须设法放大此差值，而不应将其作为误差舍弃掉。此模式通常会导致重大实验发现。而且，对各学科的各类实验，都可以运用这一方法进行探索，因此具有普遍的方法论意义。

符合这一方法论原则的典型诺贝尔科学奖成果是英国物理学家约翰·瑞利发现的惰性气体元素氩。具体研究和探索的过程在本书的第四章第二节有详细的分析。显然，瑞利的实验设计思想具有普遍的方法论指导价值。原则上所有的科学实验都应该运用这种方法进行设计，以避免其中的某些重要因素被忽略。

三、判决性实验方法

判决性实验方法是科学实验领域广泛使用的方法之一，其作用是为了判断某些竞争性的假说、理论的科学性和可靠性。科学理论由于具备预言性的特点，所以可以推导出明确的推论（预言），这些推论往往是单称判断，是非常具体的结论，如数据、数值等。而相互竞争的理论可能对某个相同的问题得出的预言不同，所以可以利用科学实验进行严格的检验，以判断哪个理论具有较高的逼真度（波普尔语），这种类型的检验就是所谓的判决性实验方法。

当代科学的发展十分迅猛，因此对前沿领域里科学问题的研究和探索往往出现百家争鸣、百花齐放的局面，这时候科学共同体就会面临对相互竞争的理论如何进行选择的问题。

从科技史的角度看，相互竞争的理论常常是将对某个或某些专门科学问题的预言的验证作为判断的标准，如物理学领域里科学家对牛顿力学和爱因斯坦相对论关于水星近日点的进动问题的“争论”就是依靠判决性实验方法解决的。许多获诺贝尔奖的科学理论成果，都是通过判决性实验方法得到确认的。

从科技哲学的角度看，不同科学理论的逼真度是不同的，有的高些，有的低些。一般来说，科学共同体通常是选择逼真度较高的理论作为公认的“范式”（库恩语）。逼真度这一概念的使用，说明相互竞争的科学理论往往可以各自推导出若干预言以供实验去检验，被验证的预言多，那么理论的逼真度就自然要高。因此，科学家对复杂问题研究后形成的若干竞争理论的选择，往往是对它们的一组预言进行判决性实验才能够确定它们各自的逼真度。由此可见，判决性实验方法是一种必须采用的具有方法论意义的重要方法。

从技术开发（理论应用层面）的角度看，相互竞争的、逼真度不同的科学理论都有可能在技术领域获得应用，导致重要的发明。例如，在光学领域，波动说和微粒说各有一定的逼真度，它们的结论都在实际中指导了科学家的实践活动。这说明科学理论和技术发明之间的关系是比较复杂的，类似于英国科学哲学家劳丹提出的“科学研究传统”和具体的科学理论之间的非正比的关系，即“科学研究传统”是正确的，但所属的科学理论可能是错误的，反过来，“科学研究传统”是错误的，但所属的科学理论可能是正确的。当然，当代科学技术发展的明显趋势是，科学理论和技术发明之间的关系越来越趋向于正比的关系，说明两者的关系越来越紧密，关联程度越来越高了。

第六章
科学理论中的方法论问题

科学理论在科学知识体系中有着十分重要的作用，这是因为零散的科学事实、数据、定律等只有构成一个完整的理论，才能够获得合理的解释。同时更加重要的是，只有形成科学理论，科学家才能够做出明确的预言和推论，从而使得理论能够被实验进行严格的检验，并且最终发挥科学理论指导人们实践的重要作用。

获得诺贝尔科学奖的理论成果均对科学的发展产生举足轻重的影响，这些成果的研究过程和研究内容表现出独特的方法论意义，我们据此进行分析、探讨和总结。

第一节　诺贝尔奖得主构建理论的原则

科学理论作为科学知识体系的核心，其构建需要符合一定的基本原则，通过科技史中的各种诺贝尔科学奖理论成果的总结，我们发现诺贝尔科学奖得主构建科学理论的原则具体如下。

一、公理化原则

公理化原则也就是简单性原则，是指利用公理化方法构建科学理论的最基本原则，这一原则的作用是能够保证科学理论基本原理最少（最简单），同时，通过科学理论的基本原理又能够逻辑地推导出其他全部结论。自然地，简单性原则也保证了科学理论中的各结论之间具有严格的逻辑关系。因此，利用简单性原则构建的科学理论具有严密性、逻辑性和条理性等显著特点。

任何一门科学学科都不可能是一大堆事实及材料的简单堆积，而是有其自身的出发点和符合一定规则的逻辑演绎系统的。简单性原则对现代各门自然科学理论的表述都起到了积极的借鉴作用。例如，牛顿在他的《自然哲学的数学原理》中，系统地运用公理化方法表述了经典力学理论体系，20 世纪 40 年代波兰的巴拿赫完成了理论力学的公理化，爱因斯坦运用公理化方法创立了广义和狭义相对论理论体系。他的狭义相对论的出发点是两个基本原理，即狭义相对性原理和光速不变原理，爱因斯坦以此为前提，逻辑地演绎出四个著名的推论——尺缩效应、钟慢效应、质量增大效应和质量能量关系式。其他获得诺贝尔科学奖的理论成果，如波动力学、超导理论、凝聚态物理理论等都具有上述特点。

如果我们仔细考察自然界，会发现自然界的各个层次都处于进化（演化）之中，既然如此，那么它们必然有一个进化的逻辑起点，这应该是完美的科学理论之所以具有简单性原则特征的内在根据。整个自然界也处于进化之中，因此我们可以推断，描述整个自然界的科学理论（如果将来科学家能够建立起来的话）必定也要满足简单性原则。

从现有的科学技术水平观察，我们看到的是，自然界是由简单（表现为单一）朝复杂（表现为多样）的方向演化，如果考虑到哲学上的否定之否定规律，那么自然界演化的第三阶段应该是对第一阶段的回归，也就是又回到简单（状态）。这似乎给我们的启发是，自然界在本质上是简单的，这种认识有可能对宇宙学等学科的理论探索和研究有一定的帮助和启发。

二、解释性原则

解释性原则是指构建科学理论时，应该保证理论能够对本领域已经获得的科学事实具有解释功能。从数学角度看，解释性原则要求理论体系能够逻辑地推导出来现有的各种科学事实，这样才能够表明这些科学事实内在地隐含于该科学理论之内。

在西方实证主义的科学观看来，解释性原则要求科学理论的“图式结构”

中能够得出“相同种类的事实”（惠威尔语），这是科学理论能够成立并且被接受的最基本要求之一。解释性原则的目的是保证已经获得的科学事实能够得到准确的和逻辑的说明，同时也表明人们对那些科学事实有了较深入的认识和把握。从科学技术史上看，满足解释性原则的科学理论才具备将其理论内容转化为技术原理，进而实现在各领域应用的可能性。

在获得诺贝尔物理学奖的理论成果中，量子力学理论、BCS理论是满足解释性原则的典型成果。由于自然界的层次性特征，解释性原则也就存在一级解释、二级解释……（对应于科学理论的一级本质、二级本质……）。也正因为如此，那些只具备解释功能，但不一定具备预言功能的科学理论就能够在技术领域获得应用。科学技术史中，早期的超导理论，如伦敦兄弟提出的超导理论就是这样。而且历史上还存在有些理论（假说）是不合理甚至是错误的，但其具备解释功能，也导致了技术方面的应用，如化学领域的“炼金术”理论、燃素说理论、物理学领域的光学理论（微粒说）等就是典型的代表。这也从一个侧面说明了科学理论的解释性具有的重要作用。

（一）量子力学理论

量子力学是在20世纪初由普朗克、玻尔、海森堡、薛定谔、德布罗意、玻恩、爱因斯坦等一大批物理学家共同创立的。量子力学的发展使得人们对物质的结构及其相互作用的见解发生了革命化的改变。通过量子力学，许多微观物理现象才得到合理的解释。除通过广义相对论描写的引力外，至今所有其他物理基本相互作用均可以在量子力学的框架内描述。

1925年，海森堡基于物理理论只处理可观察量的认识，抛弃了不可观察的轨道概念，并从可观察的辐射频率及其强度出发，与玻恩、约尔丹一起建立起矩阵力学；1926年，薛定谔基于量子性是微观体系波动性的反映这一认识，找到了微观体系的运动方程，从而建立起波动力学，其后不久还证明了波动力学和矩阵力学的数学等价性。

（二）BCS理论

BCS理论是解释常规超导体的超导电性的微观理论。某些金属在极低的温度下，其电阻会完全消失，电流可以在其间无损耗地流动，这种现象被称为超导现象，于1911年由昂纳斯首先发现。但直到1957年，巴丁、库珀和施里弗提出BCS理论，其微观机理才得到一个令人满意的解释。BCS理论把超导现象看作一种宏观量子效应，该理论提出，金属中自旋和动量相反的电子可以配对形成所谓库珀对，库珀对在晶格当中可以无损耗的运动，从而形成超导电流。在BCS理论提出的同时，博戈留波夫（Bogoliubov）也独立地提出了超导电性的量子力学解释。

巴丁、库珀和施里弗因为提出超导电性的BCS理论而获得1972年的诺贝尔物理学奖 。

三、预言性原则

预言性原则是构建科学理论的十分重要的原则，这一原则也是现代科学研究对高水平理论成果的要求之一。科学理论最明显的特征就是能够从自己的理论体系中运用逻辑演绎推导得出明确的各种推论，也就是预言。在西方实证主义哲学家看来，这种预言即为知识体系的“图式结构”中的“不同种类的事实”（惠威尔语），它们是我们过去在现实中没有观察到的现象和规律。

科学理论之所以能够具备预言性的功能，是因为科学理论都是公理化的严密数理系统。科学家可以从理论体系的基本前提和原理出发，运用逻辑规则推导得出十分明确、具体和详细的推论。在自然科学各学科之中，这些推论往往是具体的数据、指标和规律，因此科学家能够设计实验对理论的预言进行严格的检验。

在获得诺贝尔物理学奖的理论成果中，介子理论、夸克理论是满足预言性原则的典型成果。从当代科学理论发展的要求来看，一般的理论成果基本上都具有某种程度的预言功能，否则很难通过判决性实验对其进行检验。这同时说明，科学理论满足预言性原则已经成为最基本的要求之一了。

（一）介子理论

介子理论是1935年日本物理学家汤川秀树独自提出的，他通过复杂的数学计算，认为这种介子的质量约为质子的1/10、电子的200倍，介于质子和电子之间，所以才称作它“介子”。汤川秀树还预言，在宇宙射线的高能粒子中有可能找到这种介子。介子可以带正、负电荷或是中性的，一个介子可以转化为一个电子和不带电的轻子（即中微子）。后来这些预言先后被证实。

1936年，美国物理学家安德森在研究宇宙射线时发现一种新粒子，其质量为电子质量的200倍，著名物理学家奥本海默认为这就是汤川秀树预言的介子，自此“介子理论”才获得科学家的重视。但实际上安德森发现的介子，其寿命比汤川秀树理论预言的介子寿命长得多，并不是汤川秀树预言的介子。后来物理学家才得知它是一种轻子，与核作用无关，所以改称 μ 子。到1947年，英国的鲍威尔等在用照相乳胶技术研究宇宙射线时，发现了一种新粒子，命名为π介子，结果证实这才是汤川秀树预言的介子。

从汤川秀树理论的建立到 π 介子的发现，标志着人类对物质的认识又向前跨进了一步，即从认识原子核进入认识基本粒子的领域。汤川秀树“由于在核子力理论的基础上预言了介子的存在”，获得了1949年诺贝尔物理学奖。鲍威尔则“由于发展了研究核过程的照相方法，并且使用这种方法发现了介子”，获得了1950年诺贝尔物理学奖。

（二）夸克理论

夸克（quark）理论是 20世纪60年代由美国物理学家默里·盖尔曼和G.茨威格各自独立提出的，他们认为中子、质子这一类强子是由更基本的单元——夸克组成的。

夸克理论预言，夸克具有分数电荷，自旋为1/2。夸克理论预言，所有的重子都是由三个夸克组成的，反重子则是由三个相应的反夸克组成的。比如质子（uud）、中子（udd）。夸克理论还预言了存在一种由三个奇异夸克组成的粒子（sss），这种粒子于1964年在氢气泡室中观测到，叫作负 ω粒子。

夸克理论还认为，介子是由同色的一个夸克和一个反夸克组成的束缚态。例如，日本物理学家汤川秀树预言的 π+介子是由一个上夸克和一个反下夸克组成的，π–介子则是由一个反上夸克和一个下夸克组成的，它们都是无色的。

除顶夸克外的五种夸克已经通过实验发现它们的存在，美籍华裔科学家丁肇中便因发现粲夸克而获1976年诺贝尔物理学奖。夸克理论还认为，夸克都是被囚禁在粒子内部的，不存在单独的夸克。一些人据此提出反对意见，认为夸克不是真实存在的。然而夸克理论做出的几乎所有预言都与实验测量符合得很好，因此大部分研究者相信夸克理论是正确的。

四、自洽性原则

自洽性原则也就是无矛盾性原则，这一原则要求科学理论必须满足自洽性，即由科学理论的前提和基本原理出发，不能够推出自相矛盾的结论。显然，自洽性原则是构建科学理论的最基本原则。

从科学研究和人类科学文化的历史发展来看，思维推导和理论分析避免矛盾是各民族和各时代学者要遵循的基本原则，否则，人类的科学文化将没有任何存在的价值和意义。自洽性原则表明了人类科学研究具有逻辑性、严谨性、条理性、明确性和理性的优良传统，也是科学从古代到近代再到现代与当代一直具备世界通行标准的重要依据。也正因为如此，科学事业相对于其他的人类各种活动来说，是争议最容易解决，也是最容易评判的事业。

数理逻辑中哥德尔不完全性定理的提出，对科学理论的自洽性原则又给予了进一步的说明和解释。哥德尔不完全性定理表明，即使是满足无矛盾要求的最基本的数学公理系统，也是不完全的，即该公理系统中存在其无法判断真伪的命题。

哥德尔严格证明了任何一个形式公理体系，只要包括了简单的初等数论描述，而且是一致的（自洽的），它必定包含某些体系内所允许的方法既不能证明也不能证伪的命题。如果用数理逻辑的术语来表达，则哥德尔不完全性定理的表述如下。

> 哥德尔第一不完全性定理：设系统 S 包含有一阶谓词逻辑与初等数论，如果 S 是一致的，则存在命题 T 与其否命题非 T 在 S 中均不可证。
>
> 哥德尔第二不完全性定理：如果系统 S 含有初等数论，当 S 无矛盾时，它的无矛盾性不可能在 S 内证明。

用通俗的语言表述如下。

> 哥德尔第一不完全性定理：任意一个包含算术系统在内的形式系统中，都存在一个命题，它在这个系统中既不能被证明也不能被否定。
>
> 哥德尔第二不完全性定理：任意一个包含算术系统的形式系统自身不能证明它本身的无矛盾性。

哥德尔不完全性定理的影响远远超出了数学的范围。它不仅使数学、逻辑学发生革命性的变化，引发了许多富有挑战性的问题，而且还涉及哲学、语言学和计算机科学，甚至宇宙学。2002 年 8 月 17 日，英国著名宇宙学家霍金在北京举行的国际弦理论会议上发表了题为“哥德尔与 M 理论”的报告，认为建立一个单一的描述宇宙的大统一理论或说终极理论是不大可能的，霍金的这一预言也正是基于哥德尔不完全性定理。

在人工智能领域，哥德尔不完全性定理是否适用也成为科学家、哲学家争论的焦点问题。1961 年，牛津大学的哲学家卢卡斯提出，根据哥德尔不完全性定理，机器不可能具有人的智慧和高级心理活动，但他的观点引起很多反对意见。反对者认为，哥德尔不完全性定理与机器有无智慧其实没有关系，但哥德尔不完全性定理对人智慧的限制，应该同样也适用于机器。

五、定量性原则

定量性原则也是现代科学理论必须满足的基本条件之一，定量是指在构建科学理论时要应用各种数学手段、方法和工具进行严密、准确和逻辑的推导，从而得出结论、预言或各种数据。定量性原则既是科学理论的构建标准也是评价科学理论的基本逻辑手段。从历史的角度观察，科学理论从定性向定量的转化，恰恰是科学进步的主要标志。在获得诺贝尔科学奖的各种理论成果中，所有的理论都是满足定量性原则的典型成果。这种现象说明定量性原则已经成为科学家进行科研探索的最有效的手段，这一点对于那些超前性的前沿课题的研究尤其重要。

核的结构理论是满足定量性原则的典型成果之一。从 20 世纪 30 年代物理学家认识到原子核由质子和中子组成后，已经提出多种核结构模型，如费米气体模型、液滴模型、α 模型、壳层模型 、综合模型（集体模型）等。这些模型都能解释一定的实验事实，但不能说明另外一些事实，还没有一种结构模型能够统一说明各种事实。其中前三种是定性模型，后两种是定量模型。壳层模型 、综合模型分别获得 1963 年和 1975 年诺贝尔物理学奖。

核壳层模型是由薛定谔方程得出的定量模型，是因研究幻数而提出的原子核模型。大量实验事实显示随着核内质子和中子数增大，核的性质呈现某种周期性变化，当质子数或中子数为 2，8，20，28，50，82，126 时，原子核显得特别稳定，在自然界的含量也比邻近的核素更丰富。这些数称为幻数，具有幻数的核称为幻核。这与核外电子填满壳层时的惰性元素化学性质特别稳定有类似性。

综合模型，又称集体模型，是在壳层模型和液滴模型的基础上发展起来的，一方面考虑核作为集体的转动和振动；另一方面考虑每个核子又在一个变动的非球对称的平均势场中做独立运动，这两种运动还相互影响。根据综合模型可很好说明核的转动能级和振动能级，关于核的电极矩、磁矩，以及 γ 跃迁率的计算和实验值的符合程度也都有明显改善。

由此可见，只有到达定量化的阶段，科学理论才能够具有比较高的解释和预言功能，其中预见功能尤其重要，因为只有通过理论的预见，才能够获得具体、明确的预言，从而使得理论得到检验的可能。在某种意义上，我们完全可以说，定量性原则是科学进步的最重要标志之一。

六、层次性原则

层次性原则是指科学理论应该是按照研究对象（自然界）的不同层次而建立起来的。这种层次的次序选择是由人类的认识能力和自然界的自身特性两方面因素决定的。例如，物理学的层次是从宏观到微观，或者从宏观到宇观，而不可能是反过来，因为人类的感觉器官和认识能力决定了人类最先接触到、最先了解到的只能够是宏观层次的物理对象，然后才能够进入微观层次的物理对象。正因为如此，近现代物理学的各学科建立的先后次序如下。

（1）经典力学（各类宏观物体的运动学规律）：牛顿力学、静力学、动力学、声学、流体力学、连续介质力学、电磁学（电学、磁学、声学、光学、热力学和统计力学）。

（2）原子和分子物理（各类微观物体的运动学规律）：原子物理学、电动力学、分子物理学、亚原子和基本粒子物理（核子物理学、粒子物理学）、量子物理、量子场论、量子统计学等。

（3）相对论（各类微观高速物体的运动学规律）：狭义相对论、广义相对论。

（4）天体物理学（各类宇观物体的运动学规律）：天体力学、天文学、宇宙学等。

由此可见，物理学理论的层次性是非常明显的。而且我们知道，不同层次的物理对象的规律是存在本质差别的。从科技史的角度看，人类的物理学研究自宏观到微观、自宏观到宇观的次序是非常明确的。

第二节　诺贝尔奖得主构建理论的方法

科学理论的构建方法有很多种，这些方法是对整个人类的科学研究活动的经验与理论的高度概括和总结。从科技史上看，那些获得诺贝尔科学奖的理论成果的构建也是运用了许多方法。根据对这些重大理论成果的分析和概括，我们发现构建科学理论的具体的方法包括以下几种。

一、公理化方法

公理化方法，是指从尽可能少的原始概念和不加证明的原始命题（即公理、公设）出发，按照逻辑规则推导出其他命题，建立起一个严密的演绎系统的方法。公理化方法最早起源于古希腊时期的欧几里得几何公理系统，近代以来，这一方法已经成为各自然科学学科构建理论的基本方法。除数学学科以外，其他自然科学学科运用公理化方法构建理论时，其公理一般是本学科的基本定律。

运用公理化方法构建科学理论时，必须经过以下若干环节才能够形成严谨、可靠的科学理论体系，这些环节如下。

（1）积累经验材料。要积累大量的经验、数据和资料，对这些经验资料进行分析归纳，使之系统化，最后上升为理论。因为公理系统的建立是以大量的事实为基础，以丰富的经验和已有的科学知识为前提的。

（2）提炼基本公理（原理）。公理化的目的是要把一门学科整理成为一个演绎系统，而这一系统的出发点是一组基本概念和公理。因此，要建立一门学科的演绎系统，就要在上述第一步的基础上，从积累的各种原始资料、数据和经验中提炼出一些基本的概念和确定一组公理，然后由此来定义其他有关概念并推导出相关的命题。应该注意的是，选取的基本概念是不加定义的概念，必须是无法用更原始、更简单的概念去确定其含义的，也就是说，它是高度纯化、高度基本的，是最原始最简单的思想规定。

（3）形成演绎系统。在确定了基本概念和公理之后，就要由此出发，经过演绎推理，将一门学科展开成一个严格的逻辑系统。也就是说，对系统中的每一概念予以定义，而每一个定义中引用的概念必须是基本概念或已定义过的概念。同时，对其他每一个命题都必须给予证明，而在证明中作为论据的命题必须是公理或已经证明为真的定理。因此，一门学科的演绎系统就是这门学科的基本概念、公理和定理所构成的逻辑的链条。

在上述过程中，从认识论的角度来看，任何公理系统的原始概念和公理的选取必须反映现实对象的本质和关系。也就是说，应该有它真实的经验背景而不能够凭空产生。另外，从逻辑的角度看，不能认为一些基本概念和公理的随意罗列就能够构成一个合理的、有意义的公理系统，因为一个有意义的公理系统必须是一个逻辑相容（自洽的）的理论系统。

二、补充深化法

补充深化法是构建科学理论常用的方法之一，其显著特点是在已有的科学理论基础上进一步提出更加完善的科学理论。补充深化法是与科学理论构建的层次性原则相对应的。同时，这一方法也与人类对自然界本质规律认识的逐步深化有关，即从所谓的一级本质到二级本质到三级本质等的不断深化过程。

从方法论角度看，人类在研究复杂对象的时候，往往采取忽略若干因素、关系或相互作用的方法，也就是简化研究对象的内部的一些因素，这种方法通常能够实现抓住要害或简化数学方程的目的，但它也不可避免地导致研究结果与客观实在存在一定的偏差，有时甚至存在重大的偏差。例如，大脑神经活动的模型的构建就是这样，它通常是对真实大脑神经系统的粗略描述，与实际的神经活动存在相当大的差距。

不可否认，这种研究方法是人类在认识自然界本质规律时必须要经过的阶段，时至今日，这种研究方法也仍然在科学研究实践中广泛运用。

我们在以前提到的原子核的壳层模型和综合模型（集体模型）就是运用补充深化法的典型例子。在科技史中，这种例子有很多。我们以获得多项诺贝尔物理学奖的高温超导理论的研究来说明这一方法的作用和影响。

1911 年，荷兰科学家卡麦林・昂纳斯发现，汞在–268.98℃时，其电阻会突然消失。他称之为“超导电性”，并因之获得 1913 年诺贝尔物理学奖。对这一奇妙的现象，直到 1957 年科学家才做出较为成功的理论解释。

美国伊利诺伊大学的巴丁、库珀和施里弗提出超导电量子理论，他们认为：在超导态金属中电子以晶格波为媒介相互吸引而形成电子对，无数电子对相互重叠又常常互换搭配对象形成一个整体，电子对作为一个整体的流动产生了超导电流。由于拆开电子对需要一定能量，所以超导体中基态和激发态之间存在能量差，即能隙。这一重要的理论预言了电子对能隙的存在，成功地解释了超导现象，被科学家界称作 BCS 理论。这一理论的提出标志着超导微观理论的正式建立，使超导研究进入了一个崭新的阶段。

1960~1961 年，美籍挪威人贾埃瓦（J.Giaever）用铝做成隧道元件进行超导实验，直接观测到了超导能隙，从而证明了 BCS 理论。贾埃瓦虽然在大量实验中曾多次测量到零电压的超导电流，但未引起他的重视。

1962 年，年仅 22 岁的剑桥大学的物理学博士研究生约瑟夫森在著名科学家安德森指导下研究超导体能隙性质，他提出在超导结中，电子对可以通过氧化层形成无阻的超导电流，此现象称作直流约瑟夫森效应。当外加直流电压为V时，除直流超导电流之外，还存在交流电流，此现象称作交流约瑟夫森效应。将超导体放在磁场中，磁场透入氧化层，这时超导结的最大超导电流随外磁场大小有规律地变化。约瑟夫森的这一重要发现为超导体中电子对运动提供了证据，使对超导现象本质的认识更加深入。约瑟夫森效应成为微弱电磁信号探测和其他电子学应用的基础。然而，约瑟夫森的研究成果却对解释超导机制的BCS理论提出了严峻的挑战。因为根据BCS理论，超导最高临界温度不会超过40K（大约–233℃，而现在却早已远远地超过了这一极限。很显然，BCS理论是解释不了新发现的超导现象的，许多科学家为此开始了大量科学探索。

日本物理学家田中昭二等对超导陶瓷的结构进行了分析，提出如下观点：6个氧原子包围铜原子所组成的八面体分为两层，当电子在这“夹层”中穿过时，就出现了超导现象。美国物理学家菲利普·安德森也提出了一个新的超导理论，他一反“库珀对”的常规，认为电子不是互相吸引而是互相排斥的，正是这种排斥才使电子与电子相互接近。复旦大学的陶瑞宝教授也提出自己的超导激子渗流理论，该理论认为，处于超导态下的电子具有特殊的能带结构，这些电子形成的电子波在晶体中互相叠加，当在这晶体中通以电流时，电子就会绕过晶体中的点阵，朝电子波叠加的方向运动，不会产生阻力，由此便产生了超导现象。

迄今为止，已有多位物理学家由于超导电性的研究而获得诺贝尔奖。他们分别是：1957年提出BCS理论的美国物理学家巴丁、库珀、施里弗，获1972年诺贝尔物理学奖；1960年发现单电子超导隧穿效应的美国物理学家贾埃瓦、1962年预言约瑟夫森效应的英国物理学家约瑟夫森，他们获1973年诺贝尔物理学奖；1986年，在国际商业机器公司（IBM）苏黎世研究室工作的瑞士物理学家缪勒和他的学生、德国物理学家柏诺兹发现Ba-La-Cu-O系统物质的高温超导性，获1987年诺贝尔物理学奖；1950年，维塔利·金茨堡与朗道提出了描述超导现象的理论公式，到1957年，阿列克谢·阿布里科索夫在维塔利·金茨堡提出的理论基础上，成功地解释了II型超导体特性的理论，他与阿列克谢·阿布里科索夫、美国科学家安东尼·莱格特获2003年诺贝尔物理学奖；维塔利·金茨堡同苏联著名低温物理学家卡皮察、著名理论物理学家朗道共事多年，卡皮察于1978年获得诺贝尔物理学奖。由于维塔利·金茨堡在超导体理论方面的杰出成就，他和朗道被认为是超导体理论之父。朗道则于去世前一年的1962年因对凝聚态的研究成果获得诺贝尔物理学奖。

时至今日，完备的超导理论仍然没有建立起来，有待科学家不断地利用补充深化法继续进行探索和研究。一些物理学家认为，人类最终可以实现在常温条件下的超导状态，这一目标一旦实现，将对工业、军事和生活等领域产生不可估量的巨大影响。当然，要真正实现这一目标，物理学家必须建立起十分完备的超导理论。

三、经验建构法

经验建构法也是构建科学理论的常用方法之一，其特点是依据丰富的观察、实验材料，在各种经验的基础上建立起相关的科学理论。一般说来，利用经验建构法构建的科学理论往往是“小微理论”，即解决的问题通常是某科学领域里的一个专门的研究课题或某类特殊的自然现象。我们以前提到的印度物理学家拉曼对光线的散射现象的研究即是运用经验建构法的典型例子，其问题是关于“海水看上去显蓝色”，是非常专门和独特的一个科学问题。拉曼的成果就是典型的“小微理论”——拉曼效应，他的成果获得了 1930 年的诺贝尔物理学奖，拉曼也是第一个获得诺贝尔科学奖的亚洲人。

当光照射到物质上时会发生散射，散射光中除了与激发光波长相同的弹性成分（瑞利散射）外，还有比激发光的波长长的和短的成分，后一现象统称为拉曼效应。由分子振动、固体中的光学声子等元激发与激发光相互作用产生的非弹性散射称为拉曼散射，一般把瑞利散射和拉曼散射合起来所形成的光谱称为拉曼光谱。由于拉曼散射非常弱，所以直到 1928 年才被印度物理学家拉曼等发现。

四、优选比较法

优选比较法是指在构建科学理论时，从两个以上的相互竞争的科学理论中优选出最好的理论。优选比较法在科学研究的所谓“前科学时期”（库恩语）是常常被科学家们运用的方法，因为在这一时期，科学共同体还没有形成公认的“范式”，所以各种各样的学说、理论争奇斗艳，相互竞争，在经过一段时间的比较、竞争、选择和淘汰后，才能够确定出逼真度较高的科学理论。

优选比较法也符合波普尔否证主义科学发展观对理论进化模式的描述，即科学的发展进程虽表现为突变性，但并不是无规律可循的。波普尔提出了科学理论形成的四个程序。

（1）科学始于问题。

（2）针对问题提出各种大胆的猜测和假设，这些猜测和假设就是所谓的科学理论。

（3）各种猜测或理论之间进行激烈的竞争和批判，并接受观察和实验的检验，筛选出逼真度较高的新理论。

（4）新理论被科技的进一步发展否证，又出现新的问题。以上四个环节循环往复，不断否证，不断前进。P1—TT—EE—P2……P1 表示问题；TT 表示各种互相竞争的理论；EE 表示批判、选择和淘汰的过程；P2 表示新的问题。

其中的第三阶段就是相互竞争的学说、理论的优选过程，也就是筛选出逼真度较高的新理论。

在获得诺贝尔物理学奖的理论成果中，BCS 理论、DNA 双螺旋结构等成果就是优选比较法的运用。

五、移植借鉴法

移植借鉴法的显著特点是将某一学科领域已经完善、公认的科学理论的基本观点、研究方法等移植到其他学科领域，从而形成新的研究领域或研究方向的一种方法。利用移植借鉴法形成的科学理论往往属于交叉科学领域，因此处于科学研究的边缘地带。

移植借鉴法之所以能够导致新兴学科的形成，其本质的原因主要是自然界自身存在的内在的同源性和关联性特点。所以，在某一学科成熟的理论就可以移植到其他领域。典型的例子是量子生物学的创立，这一新兴的交叉学科是移植了量子力学的理论而形成的。事实上，量子力学的创始人之一，著名物理学家薛定谔就对生命现象进行了深入的探讨并发表了著名的《生命是什么?》。

在物理学中，热力学第二定律指出了自然界的所有运动都将最终趋向无序化，即各种运动都将转化为热运动，而这与生命本身的高度有序化和已经在科学界被人们广为接受的进化论显然不吻合，是存在矛盾的。

对此问题，薛定谔则认为，生物有机体在饮食、呼吸时是一个摄取周围环境“负熵”的过程，但为了不违背物理学中的熵增原理，生物有机体又不断地排放各种代谢产物和散发热量，把熵排放到周围环境中，而排放的熵要大于摄取的负熵，所以并不违背熵增原理。

在此之后普里高津提出了著名的耗散结构理论。普里高津在研究偏离平衡态热力学系统时发现，当系统离开平衡态的参数达到一定阈值时，系统将会出现“行为临界点”，在越过这种临界点后系统将离开原来的热力学无序分支，发生突变而进入一个全新的稳定的有序状态；若将系统推离平衡态更远的地方，系统就可能演化出更多新的稳定有序结构。普里高津把这种结构称为“耗散结构”。地球上的生命体都是远离平衡态的不平衡的开放系统，它们通过与外界不断地进行物质和能量交换，经自组织而形成一系列的有序结构。可以认为这就是解释生命过程的热力学现象和生物的进化的热力学理论之一。

六、唯象描述法

唯象描述法是构建科学理论的一种比较特殊的方法，其特点主要是，在构建复杂对象的科学理论时，可以参考已有领域里的表象相似的熟悉事物的研究成果来研究、描述该对象。

在获得诺贝尔物理学奖的理论成果中，量子力学中薛定谔的波动力学、德然纳的“软物质”（复杂流体）理论是满足唯象描述法的典型成果。

（一）薛定谔波动力学

当法国物理学家德布罗意的“微观粒子具有波粒二象性”的假说被美国物理学家戴维逊和革末利用“电子的晶体粉末散射实验”证实后，薛定谔通过类比经典光谱公式成功地推出了可以描述微观粒子运动状态的方程——薛定谔方程 。可以这么说，薛定谔方程是从唯象层面类比了经典波的数学方程才获得成功的。

薛定谔方程是量子力学的基本方程，它揭示了微观物理世界物质运动的基本规律，就像牛顿定律在经典力学中所起的作用一样，它是原子物理学中处理一切非相对论问题的有力工具，在原子、分子、固体物理、核物理、化学等领域中被广泛应用。

量子力学中求解粒子问题常归结为解薛定谔方程或定态薛定谔方程，薛定谔方程仅适用于速度不太大的非相对论粒子，其中也没有包含关于粒子自旋的描述。当考虑相对论效应时，薛定谔方程则为相对论量子力学方程所取代，其中自然包含了粒子的自旋。薛定谔提出的量子力学基本方程是一个非相对论的波动方程，它反映了描述微观粒子的状态随时间变化的规律，是量子力学的基本假设之一。

（二）德然纳“软物质”理论

1991 年，法国物理学家德然纳因“软物质”（复杂流体）的创新研究成果而获诺贝尔物理学奖。

软物质，如液晶、聚合物、胶体、膜、泡沫、颗粒物质、生命体系等，在自然界、生命体、日常生活和生产中广泛存在。它们与人们生活休戚相关，如橡胶、墨水、洗涤液、饮料、乳液，以及药品和化妆品等；在技术上也有广泛应用，如液晶、聚合物等；生物体基本上由软物质组成，如细胞、体液、蛋白、DNA 等。

与固体相比，这类物质缺少硬的结构，所以称为软物质。但是，“软”并不是这类物质的主要特征。德然纳对液晶与高分子聚合物及胶体的研究显示，这些软物质因微弱的外力作用而改变状态的现象，与固体金属的超导相变极为相似。这使他渐渐对相变、序参数等概念有深刻的认识，证明了自然界从简单系统（如超导体）到复杂系统（如液晶、聚合物）都存在统一的相变规律。德然纳严格证明，许多差别极大的物理系统，如液晶、高分子聚合物、胶体、超导体、磁等能够用通用的数学手段来描述其相变过程。也就是说，它们在唯象层面具有相同的方面，因此可以运用唯象描绘法进行类比性质的研究和分析。

对于软物质，德热纳给出一个重要的特征：弱力引起大变化。在他的著作《软物质与硬科学》一书中，他以橡胶为例说明了软物质的性质。纯天然的橡胶乳液氧化形成了固化的橡胶，但这种橡胶不结实，很容易就会因为空气的氧化作用而破碎。但将天然橡胶硫化之后就变得非常耐用，不容易破碎。与氧同族的硫元素仅仅比氧的化学活性略差一点，效果却迥然不同。这就是所谓的弱力引起大变化。

21 世纪被认为是生命科学的世纪，从物质划代角度来看，这也是软物质的世纪。如果没有软物质，生命也不复存在。任何生物结构（包括 DNA、蛋白质和生物膜）都是建筑在软物质的基础上。

第三节　自然界的层次性与理论的发展

任何一个科学理论都是对客观自然界某一层次或某一方面的运动规律的刻画与阐释，由于自然界在这一特殊层次上的运动具有同质性（运动性质相同，如宏观物体均有机械运动规律）和普适性（在这一层次的任意时刻，物体运动均如此），所以人们可以将此层次上自然物的运动特性进行研究，并抽出其本质性的规律，从而在思维中认识和把握它。反映在科学理论上，人们就可以利用公理化方法，借助基本概念和基本公理并运用逻辑规则形成一个完备的科学理论体系。这一理论能够解释绝大多数该特殊层次上的自然现象，且能够做出科学预见。这些科学预见一旦被实验证实，这一理论也就被科学界广为接受。此时我们说该理论就具有了真理性。在实践中，这一理论就能够被工程师用于技术开发和工程设计中并获得满意的使用效果。

一、自然界的层次性和理论相对性

如果仅从该特殊层次看，这一科学理论可以说是绝对真理。但由于自然界的层次是无限的（哲学意义上的无限），所以该科学理论不可能解释更深层次的自然现象的规律，故它又是相对真理。显然，我们不能因为理论具有相对真理性而否认其实用价值。

应该注意的是，虽然自然界有无限层次，但每一层次都有其确定的运动规律，而且不同层次之间存在严格的差异，如宏观层次与微观层次就是这样。微观层次，又可细分为不同特质的层次，如原子层次、原子核层次、质子层次、夸克层次等。从基本粒子物理学的研究成果看，层次越深，其结合能越大（即分裂它所需的能量越大）。这意味着深层次粒子较浅层次粒子的稳定性要大。这同时表明，浅层次粒子的运动有时候可以不影响深层次粒子的运动（即使前者解体，后者仍然能够保持稳定状态）。反映在认识论上就是，在研究浅层次事物时，可以暂不考虑深层次事物对它的影响。自然事物本身具有的这一特性，是某一层次的理论在一定范围内能够成功应用，且在某种意义上说可以永久应用的内在原因，尽管该理论只是相对真理。牛顿经典力学是最能说明这一问题的例子。在宏观低速领域，人们完全可以不考虑基本粒子对物体机械运动的影响，也完全可以不考虑相对论效应。因为，我们只是研究宏观物体的机械运动。在宏观层次，牛顿力学具有永恒的应用价值。这也是为什么在爱因斯坦相对论诞生了一个多世纪的今天，世界各工科院校的众多专业仍在讲授、应用牛顿力学及其分支的原因所在。

二、科学理论的层次性

我们认为，自然界的层次性必然导致理论的层次性，或者说与自然界分层次一样，理论的真理性也应该分层次，这样才能更完满地解释我们上面提到的问题，真理的绝对性和相对性也更容易理解。

人们对研究对象行为与结构特征的了解，首先要通过的一定的观测与实验手段才能够获得，这符合人类的一般认识过程。观测和实验受仪器精度水平的限制，加上观测和实验会受到外界不可控因素的干扰与影响，因此人们对实际系统的认识就存在一定偏差。从认识论角度看，此即人类认识的相对性或“偏差性”。

认识的相对性并不意味着人类在本质上无法把握现实世界，也不表明人类的认识能力存在不可克服的先天缺陷。在这里，不可知论是站不住脚的。认识的相对性只是说明人类对客观事物的认识在一定程度上受认识的条件和手段的制约，因而获得的认识结果是相对真理。

从另一个层面看，人们依据科学观察和实验建立起来的科学理论也存在相对性，这已是认识论中的不争结论。但我们应该阐明和解释的一个问题是，为何只具备相对性真理的认识能够在实践活动中产生有价值的、能够满足特定需要的发明和设计？这一点在计算机仿真方法中显得尤为突出，因为各种仿真模型的建立除利用实验数据外，还要依据一些理论才能实现。

从实际应用的角度，我们也应该对认识的相对性做出解释，即说明为什么存在偏差的结果能获得满意的应用效果？我们认为，这一点亦与自然界的本性有关系。虽然结果有偏差，同时依据其设计出的技术装置也存在偏差，但该装置各要素耦合后的效应仍能实现特定的功能。从系统论观点看，只要系统的结构为最优，即使各要素不是最好的，系统仍能发挥出正常效能。反过来说也就是，在系统要素存在问题的情况下，系统存在某种机制可以使其仍然正常发挥作用。在医学领域，人的大脑细胞有时在外力（机械力和化学药品）作用下会受到一定程度的损害，但大脑的功能仍能正常发挥。在计算机科学领域，有所谓的容错理论，就是说在程序存在少数错误的情况下，计算机仍然能够发挥正常作用。在工程领域，这样的例子很多。例如，在飞机个别零部件有磨损甚至损坏的情况下，飞机仍然能正常飞行。当然，这时飞机的飞行状态肯定不是最优的，但飞行这一主要目的达到了。社会领域也是一样，在个别地区存在问题甚至严重问题的情况下，整个社会并不会马上瘫痪掉。上述例子说明，自然界中的复杂系统具有这样的本性，即在其构成要素不是绝对“精确”（指存在偏差、缺损的意思）的状态下，仍然能够具备其特定的功能。其实，如果自然界不是如此，那么恐怕很多事物包括生命都不会产生或者发展。因为从哲学角度看，任何事物在产生与发展过程中，不可避免地会受到环境中其他因素的影响，从而使该事物的构成要素发生改变（与其原状态相比即是偏差）。若稍有这种改变，该事物就无法发挥正常作用，那么该事物也就很快自行消亡了。事实上，自然界中的复杂系统恰恰存在一种内在机制可以利用这种改变而使自身得到发展和完善（对生物来说即进化）。这种特殊的机制正是各门自然科学研究探索的问题之一。

由此可见，只具备相对真理性的知识成果能在实践中得到应用并满足人类的特定需求，是与自然界的"非绝对精确性"有关的。正确认识这一点，对理解认识的相对性及其在实践中的价值和认识论中的理论意义有重要作用。

由于认识的相对性，新黑格尔主义派哲学家，如布拉德雷（F.Bradley）等就据此否认思维和实在的同一性，并进而反对辩证唯物主义的客观真理论，以及物质世界的真实性与客观性，这显然回到了康德的"二律背反"，是不可取的。现代科学理论中涉及的认识论问题充分说明了辩证法的正确性。

也由于认识的相对性，波普尔才提出了其轰动一时的"证伪主义"。依照他的观点，科学中只有证伪而无证实。这使人们在理解科学理论的真理性问题上不免产生困惑和疑虑，同时也使工程技术领域中的专家感到无所适从：既然理论无真理性（可被证伪），那依据该理论设计出的技术装置为何能实现预期的功能？由此可见，正确认识真理的相对性及其在科学中的具体解释，对科学发展和技术发明是有意义的。笔者认为，按照理论的真理性分层次的观点，必然得出科学中既有证实也有证伪的结论，而这才是符合科学技术史的解释。

第四节　理论与科学语境的缺失和进化

科学语境是理解科学事实和科学成果的基本学术语言、符号和术语系统，因此它往往以科学语境的形式存在。在科学史和科研实践中，常常出现一些重大发现和重要成果在相当长时期内无法用现有科学语境（科学理论）解释和理解的"语境缺失"现象。语境缺失表面上看影响科学的发展，其实它的存在恰恰是推动科学进步内在的重要力量。同时，语境缺失的存在也表明，科学事实相对于科学语境和现有科学理论来说更为活跃。同时，科学语境必须不断进化才能满足科学的需要，科学发展的过程同时也是科学语境（科学理论）进化的过程。

一、科学语境缺失及其哲学解读

当代科学哲学的语境学研究方兴未艾，引起了国内外学者的广泛关注。从科技史和科研实践的角度分析，我们发现历史和现实中存在着许多语境缺失和语境进化的典型案例，值得我们从哲学视角进行解读。

例如，著名的超导现象和镍钢合金零膨胀系数现象就是科学技术史中的典型案例。在当时的科学语境下，上述科学发现是无法解释的，即出现语境缺失，或者说语境失效现象，但按学术传统，国际科学界仍然认为他们发现的科学事实本身有巨大的科学意义和应用价值，因而也是重大的科学成就。

从科学哲学角度分析，则现有的科学语境和全新的科学发现之间存在的差距恰恰为提出新的科学理论奠定了前提和条件，是科学发展的内在重要推动力之一。

那么为什么会出现语境缺失（语境失效）现象呢，其内在原因是什么？我们必须从哲学视角进行解读和分析，同时语境缺失对科学研究的影响问题也必须进行探讨。

若从认识论角度看，语境体现的是现有知识和理论体系等与新的科学发现之间的内在联系。如果现有的知识和理论与新的科学发现存在某种交叉或耦合，那么这一新的科学发现就能够获得较完善和令人满意的解释。但是若新的科学发现非常独特和复杂，那就会出现它与现有的知识和理论没有任何交叉或耦合，甚至矛盾的情况，这时科学家就解释不了这一新的科学发现了；即在当时的科学语境下，这一新的科学发现无法嵌入。这同时表明，此时的科学语境是不足的，相对于新的科学发现，它存在严重的缺失。

由此可见，语境缺失是由现有知识和理论体系自身的不完善性造成的，并且是科学研究中无法完全避免的，今后的科研实践中，科学家仍然常常会碰到语境缺失现象。

语境缺失的客观存在深刻地说明，有些科学发现成果相对于已有的科学知识和理论，以及各种科学流派来说，有着高度的独立性和无关联性，也可以说是一种客观性：它不依赖于任何现有的知识、理论、流派等而独立存在，并且能够被任何科学家在任何时候重复观察或实验，如超导现象就是这样。而正是由于这种客观性，科学共同体才能够对科学观察和实验的结果继承下去，并且以它们为基础进行深入的科学研究和探索工作，最终推进科学的发展。

如果否认科学发现成果的这种客观性和独立性，盲目用有缺陷的语境对科学发现进行牵强附会的解释和说明，那必然导致主观主义的错误，走向神秘主义甚至宗教迷信，阻碍科学的进步。

例如，牛顿的经典力学无法解释地球等天体的起始运动问题，牛顿找不出科学的理由说明，只能以“上帝的第一推动”来解释，导致这位巨人在科学史上留下了遗憾。后来，康德和拉普拉斯“星云假说”的创立才完美地解释了地球等天体的起始运动问题。

由此可见，对于复杂的现象，必须通过完善、发展原有的科学语境，才有可能得到科学的解释。这一点在爱因斯坦相对论的研究过程中尤其明显。如果用传统的科学语境（牛顿经典力学体系）则科学家必然无法消除新的科学事实和传统的科学语境之间存在的矛盾。有些科学家试图通过保持牛顿经典力学体系的基本原则，而提出辅助性假设的方式来“挽救”它，但最终发现是完全牵强和基本无用的。只有爱因斯坦后来找到了正确的道路，即完善了过去的科学语境。具体来说，是他提出了“爱因斯坦–洛伦兹坐标变换”去代替牛顿经典力学体系里的“伽利略坐标变换”，从而使各种矛盾完全消失，并且由此推导出了许多著名的结论，如质能关系式等。与此同时，老的科学语境也由牛顿的绝对时空观发展为新的科学语境，即同时性的相对性、时空与物质紧密相关等相对论时空观。

相反，如果科学家不去完善科学语境，而只是用原有的科学语境强套新的科学事实，那么科学的进步也就被基本扼杀了。

时至今日，科学技术虽然取得了巨大发展，但有些古老的现象，如人的做梦、帕金森综合征、生命活动本质等，科学家仍然无法给出合理的解释。这表明现有的科学语境在这些问题上仍然存在着巨大的缺失，有待世界各国科学家进行深入的探索和研究。也正是这一原因，2013 年 4 月 5 日，美国政府宣布将组织国家卫生研究院、国防部高级计划局、国家自然科学基金委员会等部门并投入高额资金开展对人类大脑内部结构和规律的探索研究，这说明人类对自己大脑的了解还非常少，相关的大脑科学语境还很不完善。

语言学中单独的语句只有在特定的语境中才能够被理解，如著名的歧义句“咬死猎人的狗”，“偏正结构”和“述宾结构”的意思完全不同，需要在特定的语境中才能够确定。

但科学事实和科学语境的关系却与语言学中表现出的规律存在很大的差异。这是因为语言学中的语句只要在一定的语境中就能够消除歧义，但在科学领域，有些全新的科学现象、科学事实、科学成果等却在现有的科学语境中根本无法解释和说明，也即消除不了它们的“歧义”性。

同时，新的科学现象、科学事实尽管无法用现有的科学语境进行解释，科学家却可以对那些科学现象、科学事实本身进行进一步的观察、实验等研究（包括重复观察和实验），并且从观察、实验中得出更新、更有价值的事实、数据等，从而为推翻旧理论、提出新理论奠定基础。一旦新理论获得实验的检验并被科学共同体接受，那么也就意味着原有的科学语境得到了丰富、发展和进化。这是科学语境与通常的语言学中的语境最明显的不同，说明科学事实相对于科学语境的独立性很高，同时也表明科学语境的变化速度要比一般的语言学语境快得多。

由此可见，对于科学研究来说，语境缺失现象并不只是负面因素，相反却具有很大的积极作用。语境缺失不仅不是科学发展与进步的阻力，反而是一种内在的、强大的推动力。

在科学研究领域，最活跃、最具生命力的因素毫无疑问是各种科学事实（由科学实践获得），一般说来，科学理论和科学语境往往滞后于科研实践。从哲学观点看，任何理论都是有缺陷的、不完全的相对真理，正因为如此，英国哲学家波普尔才提出了著名的“证伪主义”学说。如果科学家将已有的科学语境教条化、固定化，则显然会使科学家受到干扰和误导，从而对观察结果的判断产生偏差甚至错误。

在科技史中，这种情况十分常见。例如，在物理学中，“宇称守恒定律”作为公认的理论在1956年之前被物理学家广泛接受，因此在碰到弱相互作用的新情况下，几乎所有物理学家都认为宇称毫无问题也是守恒的，于是自然而然就判断 θ 和τ是两种完全不同的粒子。因为实验结果表明，θ 衰变时产生两个 π 介子，而 τ 衰变时却产生 3 个 π 介子。按照宇称守恒理论，θ 和τ 必然不同。但是美籍华裔科学家李政道和杨振宁经过深入细致的分析后发现：τ 和 θ 是完全相同的同一种粒子（后来被通称为 K 介子），原因是在弱相互作用的条件下，“θ–τ” 粒子在弱相互作用下的宇称是不守恒的。杨振宁和李政道的研究成果推翻了在物理学领域存在 30 年之久的宇称守恒定律，震惊了整个国际物理学界，他们两人也因此获得 1957 年的诺贝尔物理学奖。

可见，科学家尤其是实验科学家在从事科学研究时，应该时刻关注最具“活力”的科学事实，而不应该拘泥于相对滞后的科学语境，更不应该迷信、受制于已有的科学语境。否则会被误导而得出错误的结论，失去做出重大科学发现或重要理论突破的机会。

如果我们从科学理论的特点来分析还可以发现，科学领域里的语境缺失在某种意义上说是一种必然的、普遍的和正常的现象。因为科学中的理论大多是公理系统，而公理系统里的公理（基本原理）通常是不证自明的，准确地说是不需要去证明的（如果能够证明，公理也就失去公理的资格而成为定理了）。这就表明已有的理论、学说是不能够证明、解释公理系统的出发点——公理的，也就是说理论一出现就天然地、内在地存在、蕴涵着语境缺失。例如，爱因斯坦狭义相对论中的"光速不变原理"，相对论自身是不能够证明这一原理的，其他物理学理论同样也无法证明，它只是狭义相对论的基本原理，其依据仅仅是迈克耳孙–莫雷的"光以太零结果"实验。正是因为"光速不变原理"用现有的理论无法推出（即无法证明），所以世界各国的许多物理学家一直都在进行推翻这一原理的研究，或者以相反的命题"光速可变原理"为出发点进行探索。

上述问题再次表明，科学语境在任何时候都是处于缺失状态之中的，除非人类建立起了英国著名宇宙学家史蒂芬·霍金所说的能够解释任何宇宙中现象的"终极理论"。但目前人类显然远远没有达到这种高级状态，而即使人类掌握了这一"终极理论"，人类也无法证明它，只能够通过比较"终极理论"推出的结论和实验结果是否一致来判断"终极理论"的可靠性与准确性。史蒂芬·霍金指出："如果我们确实发现了宇宙的终极理论，这意味着什么？……我们将永远不能肯定我们是否确实找到了正确的理论，因为理论不能被证明。"（史蒂芬·霍金，2004）也就是说，科学语境即使达到了无可挑剔的完美地步，它也仍然需要科学事实不断地为它提供验证服务。由此可见，科学事实在丰富科学语境中的重要性是无与伦比的。

各种语境缺失的存在还深刻地说明，现有的科学语境不可能单独对前沿新发现的科学成果做出评判，尽管我们通过语境才能够更好地理解、把握新的科学成果和原有科学知识间的关系。由于科学成果，特别是理论成果一般都会推论出各种预言（单称判断形式），而检验或者否证预言只能够通过科学观察和实验来进行，所以，科学实践是完善、补充、发展语境的最基本的手段和方法。从某种意义上说，科学语境的变化和完善必须依赖科学实验层面的因素才能够实现，否则它只会停留在纯粹的语言或逻辑游戏阶段，对科学发展的价值不大。欧洲中世纪的经院哲学是这种错误研究的典型例子。

二、准科学语境和非科学语境

语境缺失的极端表现是存在"准科学语境"和"非科学语境"。具体来说，

"准科学语境"是指有缺陷的哲学理论、学说、观念等误导科学家的科学研究活动。而"非科学语境"则包括以下两种情况：一是政治、宗教、权威等社会因素对科学研究和科学家的粗暴干预和打压；二是极端的学说、理论等干扰科学家的探索工作，或者影响国家的科技政策和科技立法等。

其中"准科学语境"的例子在科技史中非常普遍，如拉普拉斯机械决定论的错误观念对20世纪初从事微观物理学研究的许多科学家产生了极大的困扰。这种"准科学语境"的产生与人类的文化因素及心理因素有着密切的关系。正如科技史中，生物学中的"活力论"与古代各民族的"万物有灵观"的传统文化息息相关；近代化学"原子不可分"与古希腊德莫克利特原子论的避免逻辑上"无限倒推"的科学推理传统相关联；而牛顿经典力学中的绝对时间和绝对空间概念的提出，则完全和人类的直观心理感受吻合。

"准科学语境"对整个科学的发展虽然存在某种负面影响，但从历史角度观察，它也并非一无是处，而是有其一定的价值，甚至在某些历史时期对科学的发展有一定的推动作用。例如，我们上面提到的拉普拉斯机械决定论，它对静力学、运动学、经典力学各分支、统计学、热力学等许多学科的研究都有相当大的影响。而"庸俗唯物主义"的观点对近代化学、热学、生理学、医学的发展也起到了一定的推动作用。

"准科学语境"的客观存在，说明科学的起源与人类文化、宗教、心理、生产活动等众多因素紧密相关。

而"非科学语境"也十分常见，如20世纪30年代开始德国和苏联对爱因斯坦相对论的批判和否定等。在当代，第一种类型的非科学语境现象仍然存在，如1981年教皇保罗二世在梵蒂冈举行的宗教国际宇宙学会议上就公然宣称："……在大爆炸之后的宇宙演化是可以研究的，但是我们不应该去过问大爆炸本身，因为那是创生的时刻，因而只能是上帝的事务。"（史蒂芬·霍金，2004）

科学共同体往往十分反感第一种情况的"非科学语境"，因为它对科学事业、科学家的伤害通常很严重。而且第一种情况的"非科学语境"大多是科学领域之外的势力对科学内部的强力甚至是无理的干预，有时会极大地影响科学家的事业、生活甚至命运。科学技术史上著名的受宗教迫害的人物，如布鲁诺、伽利略等是尽人皆知的例子。即使在当代，西方的科学家在一定程度上仍然对这种情况的"非科学语境"抱有某种戒备心理。如史蒂芬·霍金在1981年宗教国际宇宙学会议上听到教皇保罗二世上述关于宇宙"创生的时刻不能研究"的宣言后，自己私下在想的是："我心中窃喜，看来他（教皇保罗二世）并不知道，我刚在会议上做过的演讲的主题——时空有限而无界的可能性，就表明

（宇宙）没有开端、没有创生的时刻。我不想去分享伽利略的厄运……”（史蒂芬·霍金，2004）

由此可见，在当代的所谓“高度自由”的西方社会，宗教的势力和影响力仍然十分强大，一般的科学家还是存在对“非科学语境”中宗教因素的各种现实考虑的。

至于第二种情况的“非科学语境”，则表现得比较复杂，因为即使在国内外学术界也存在不同的看法，有些观点源于科学界内部，因而争论十分激烈。在这些极端的学说和理论中，最著名、影响也最大的是“反科学（技术）主义”的各种流派和思潮。

客观地说，“反科学（技术）主义”的某些理论和观点对人类反思科学技术的负面效应问题，关注生态失衡问题，协调科技与经济、社会发展问题是有很大的积极作用的。但“反科学（技术）主义”的某些流派在理念和行为方面却走向了全盘否定科学（技术）的极端，以至于要“消灭”现代科学和技术。显然，这种极端的理论和观点对前沿科学技术的探索工作的干扰是极大的。

西方的“反科学（技术）主义”和各种宗教、政治、非政府组织等势力又存在一定的关系，因此对某些科学技术前沿领域的发展和研究影响很大，如生物科技领域里的胚胎干细胞技术、生命复制技术、转基因技术；高能物理领域里的人造黑洞、超高能粒子碰撞实验研究、自动控制领域里的智能机器人技术等。西方一些学者、宗教人士、政治团体等明确反对上述相关科学技术的研究和开发，并试图以法律的形式阻止有关的科研活动，甚至有些“反科学（技术）主义”团体对有关的科学家提起司法诉讼。

对于“反科学（技术）主义”的极端理论，尽管西方大多数政府并未完全接受和采纳，而是采取了妥协和折中的态度，但对于科学研究来说仍然影响很大。例如，在科研项目选择上受到极端势力的强烈反对，导致在科研经费投入方面受制于国会等立法机构的限制，从而减缓了这类科学研究发展的速度。

“反科学（技术）主义”者强烈反对、质疑现代科学技术的根源之一，是其心理上存在的“科学（技术）恐惧主义”，他们总是把科学技术看作邪恶的“潘多拉魔盒”，认为一旦打开，就会将魔鬼释放出来，而人类却无法控制，从而导致巨大的灾难。尽管国内外一些学者均指出了科学技术负效应的产生，更多的是科技之外的各种因素导致的，如社会制度、政治、经济模式、利益集团、人类的贪欲等，但“反科学（技术）主义”思潮形成的“非科学语境”对现代科学技术的影响仍然不可小视。例如，风靡全球的“后现代主义”各种流派中的极端反科学、反理性的观点、学说等，试图全盘否定理性主义、科学主义中的一切有价值的、合理的内容，回到所谓的自然主义、非理性主义、神秘主义和不可知论等。如果这种学说被社会各阶层人士，特别是世界观还未成型的学生等青年人广泛接受，那么科学技术的发展必将受到相当大的打击，科学精神的影响力也必将式微。

应该强调的是，国内学术界的一部分研究者对第二种的“非科学语境”持完全赞同的态度，这对于发展中的中国来说是极其不明智的。因为一方面这种观点有可能阻碍现代科学技术的诸多成果在中国的经济、军事和社会各方面的顺利应用；另一方面，这种观点又有可能影响中国科学家对某些前沿领域的科学技术的探索工作。尽管在中国“科学技术是第一生产力”的论断深入人心，但如果“反科学（技术）主义”的思潮被广泛宣扬和传播，长久之后必然对科学技术的发展不利。有鉴于此，学术界应该对“反科学（技术）主义”这类“非科学语境”的本质进行深入的分析和研究，以揭示其极端与不合理之处。

三、科学语境的进化及其方式

科学语境缺失、“非科学语境”的客观存在，必然要求科学语境不断进化才能够满足科学研究的实际需要。语境进化的具体方式多种多样，除一般语言学中微观视角的语构调整、语义优化外，还可以从人类文化史和西方现代科学哲学角度进行探讨和分析。

从某种意义上说，科学是在人类文化这种特殊语境的影响下产生和发展起来的，恰如黑格尔在《精神现象学》中指出的“科学作为一个精神世界的王冠，也绝不是一开始就完成了的。新精神的开端乃是各种文化形式的一个彻底变革的产物……”（黑格尔，1983）正因为如此，科学在世界各个民族都基本上经历了由猜测状态的神话传说到朴素状态的自然哲学再到理性状态的实证科学三个阶段。

显然，不同历史时期的科学语境表现出明显的逐渐丰富、完善的进化过程。

在神话传说阶段，科学语境主要是处于蒙昧时期的人类在心理、宗教等因素主导下的主观猜测与心灵感受，其内容基本上没有多少理性成分，可以说是“原始科学时期”的原始科学语境，因此它必然要进化到带有思辨、逻辑特征的自然哲学阶段。

但这种神话传说阶段的科学语境的心灵层面的内容在“现象学”中得到了某种程度的复活，在当代得到了西方不少哲学家和科学家的推崇。例如，在宇宙学和基本粒子物理学中，“人择原理”的提出就是一个典型。而且，现象学在方法论层面上受到更多科学家在科研创新实践中的尝试与应用。同时，美国科学哲学家费耶阿本德提倡的“无政府主义认识论”和“多元方法论”又为这种科学语境提供了哲学上的依据和基础，从而使得这种科学语境在当代仍然有它的地位。

在自然哲学阶段，科学语境主要是人类在朴素的理性思考时期运用逻辑、知识（零散状态）进行的初步的理性探索。例如，著名的古希腊原子论、中国古代的“阴阳五行说”等。应该指出的是，由于自然哲学阶段的学者具备了很高的逻辑学、哲学、数学方面的知识与修养，所以他们中的有些人往往能够仅仅依靠理性分析和逻辑推理就得出重要的、惊人的结论。例如，古希腊哲学家阿利斯塔克通过逻辑分析得出“地动说”：地球围绕太阳运动，而太阳静止不动。为什么阿利斯塔克能够得出这一结论？其依据无非是逻辑分析：地球是天空中的球体，它存在自转（旋转）或无自转两种状态。如果地球由西向东自转，那么太阳的“东升西落”就只是地面上的人的一种观察错觉。从逻辑上看，地球自转或不自转的可能性是相同的，概率各为50%。其他学者选择了地球不存在自转，而阿利斯塔克选择了地球存在自转，因此他得出了“地动说”的结论。在阿利斯塔克看来，他的观点和其他学者的“地球中心说”在正确的概率上是相同的，所以阿利斯塔克选择了标新立异的“地动说”而不是大多数人持有的“地球中心说”。

事实上，古希腊原子论的提出也可以说是逻辑分析的结果，即为了避免逻辑上的“无限倒推”。如果原子不是构成万物的最小单位，那么就必须找到比原子还小的基本单位，一旦找到，如果物质无限可分，那么就还要找更小的基本单位，这个过程是无穷无尽的，因此导致逻辑上的“无限倒推”。从这一角度看，古希腊原子论比其他的世界本原说，如泰勒斯的水、赫拉克利特的火等要高明，因为水、火等本原说无法避免逻辑上的“无限倒推”。

自然哲学因为囿于纯粹的思辨，所以这一阶段的科学语境必然带有大量的猜测、主观和臆想的成分，除数学、逻辑学等特殊学科外，这种语境下的学术研究本质上不可能导致真正意义上的科学。正因如此，自然哲学必定要被理性状态的实证科学取代。

在实证科学阶段，特别是这一阶段的早期，其科学语境可以说与自然哲学阶段完全相反，特点是基于科学实验和实证进行归纳分析和研究，当时的个别哲学家和科学家甚至完全否定演绎思维的地位和作用。显然，这种观点太过极端，因此康德、黑格尔提出了“经验科学”和“理性科学”的观点，并强调后者在科学研究中的作用更加重要。虽然如此，康德、黑格尔的观点仍然是确认了“经验科学”在科学领域里的基础地位，因为通过它才能够获得感性素材，进而为理性的抽象研究提供条件。

当然，在实证科学阶段，以至于延至 20 世纪以来的现当代科学时期，科学语境越来越丰富，其内容也越来越庞杂。仅仅从哲学视角分析，西方科学哲学家库恩的“范式更迭理论”这种关于科学发展模式的理论和学说同时也可以说是较高层面的科学语境系统。

库恩的“范式更迭理论”认为，科学发展的模式是自“前科学时期”到“常规科学时期”到“反常与科学危机时期”到“科学革命时期”再到“新范式确立时期”，然后是“新的常规科学时期”，这一过程循环往复，从而不断推动科学的进步。从语境的角度看，库恩的“范式更迭理论”实质上也就是科学语境的进化过程（包括微观和宏观两个层面的进化）。库恩的“范式更迭理论”同时也是描述科学语境进化的理论。如果是整个科学范式的更迭，那么相应地就是整体科学语境的转换；而如果范式的更迭发生在某个分支学科，则就是局部的科学语境的更替。

应该强调的是，整体层面科学语境的更迭发生后，各种科学事实，包括旧的和新的科学事实，在新的科学语境中都能够得到完美的解释，而旧科学理论的错误、缺陷等却完全暴露出来，从而该理论的核心概念与内容也被科学界抛弃。但在应用层面，旧科学理论可能仍然有其价值，它的科学方法、数学公式等在一些分支领域和专门问题中仍然被广泛使用。在爱因斯坦相对论创立并被普遍接受后，牛顿经典力学就是这种情况的典型例子。直至今日，牛顿经典力学及其分支，如流体力学、空气动力学、材料力学、结构力学等仍然在工程技术领域应用，有些还是航空航天等重要的尖端领域。

由此可见，科学语境的进化不是语言学层面的单一因素决定的，而是人类文化的综合因素与人类各种实践活动的复杂因素相互作用的产物，也因为这一原由，科学语境才处于不断的进化过程中，而这种进化又反过来影响、促进科学的发展和进步。正如山西大学郭贵春等在分析达米特的语境真理论时所深刻指出的：“语境形式、内容的变化，以及言语者意向、情趣、文化价值、习俗的变动往往使普遍接受的真理不断地被修正。”（郭贵春和王航赞，2003）

综上所述，站在科学语境的缺失和进化角度能够使我们从人类历史和文化的综合视野分析科学的发展和变化，从而获得更多的启示，同时对具体的科研活动也有一定的借鉴和帮助。

第七章
诺贝尔奖得主科技创新的特点

百余年来，诺贝尔科学奖成果被公认为国际一流的科技成就。诺贝尔科学奖得主成功的关键是他们具有极高的创新意识、独特的创新思路。作为具有最高原始创新的科技成就，诺贝尔科学奖成果充分体现了获奖者创新思维的特点和创新过程的技巧。

显而易见，对诺贝尔科学奖这一特殊群体的科技创新活动及创新思维的特点和规律进行全面、深入、细致的研究十分必要，特别是从微观视角对相关问题进行深入分析和探讨，如诺贝尔科学奖得主科研创新过程的特征、获奖成果体现的具有共性的独特创新思路、社会诸因素（科技政策、管理模式、教育方式、科研国际化、科技竞争、成果评价、哲学观点、文化背景等）对科研创新过程的影响等，对科研人员的借鉴和参考价值很大。

关于创新思维和创新人才的培养，国内外学者从教育学、思维科学等视角进行了许多有益的探索，发表了很多成果。但这些研究未结合诺贝尔科学奖得主创新思维的特点和规律进行研究，如创新思维的模式、科研活动的特点、创新思维的规律等，因而研究显得有些薄弱。

从微观视角上，尤其是结合获奖者研究过程的具体创新思路和获奖成果表现出的创新特征，来进行相关的归纳、总结与研究，以及结合他们科研活动的特点、创新思维的内在规律等进行全面、细致的探讨，对培养中国高端创新人才将具有较大的启发作用和参考价值。国内有学者对此进行过一些探讨，如中国科学院路甬祥院士在《规律与启示 —— 从诺贝尔自然科学奖与 20 世纪重大科学成就看科技原始创新的规律》一文中，从宏观方面，对一些诺贝尔科学奖得主获奖成果进行了分析，总结了其中的一些创新模式及创新成功的内外部条件等。另外，我们对部分诺贝尔科学奖得主的获奖成果的研发成功途径（模式类型）进行了创新思路方面的探析。

总之，国内外学者基本是从宏观方面对创新思维和创新人才的培养进行研究，同时，对诺贝尔科学奖得主创新思维的特点和规律，未从微观视角进行深入探讨，同时现有学者考察的案例较零散，因此相关研究的深度不够。经检索，国内外未有结合诺贝尔科学奖获奖者研究过程的具体创新思路和获奖成果表现出的创新特点，从总体上进行创新思维的模式、科研活动的特点、创新思维的规律等的全面分析、探讨与总结，并在此基础上研究其对培养中国高端创新人才的启发和借鉴问题。

科技史表明，35~45 岁是人才创新的峰值年龄，最有可能取得国际一流成果。而且诺贝尔科学奖得主作为科学研究领域里独特的一个群体，其创新思维的特点和规律十分明显和突出。由此可见，诺贝尔科学奖得主创新思维的模式、科研活动的特点、创新思维的规律等对培养中国高端创新人才具有较高的实践价值和现实意义，对深化科技哲学、思维科学、创造学、人才学、教育学等学科的理论研究也有一定意义。中国正在建设创新型国家，客观上需要一大批具有国际一流水平的高端创新人才，而从微观视角分析和探讨诺贝尔科学奖得主创新思维的模式、科研活动的特点、创新思维的规律等，对中国的高端创新人才培养有着很大的实际意义和参考价值。

诺贝尔科学奖得主是科研领域里非常独特的群体，他们创新思维的模式、创新思维的特征、科研活动的特点、创新思维的规律等，有着很多共同的特征和规律。例如，在科研选题上，已发现存在 7 种类型；在获奖成果研发成功的途径上，已找出 10 余种模式；在创新模式上，已发现存在 10 种类型。这些内容对不同学科的科学家均有启发作用，借鉴价值较高。

改革开放以来，中国科技领域取得了不少成就，但能够达到世界一流水平的原始创新成果极少，中国大陆科学家至今仍然没有取得诺贝尔科学奖上零的突破，还表现在国家自然科学奖一等奖有时连续几年因没有一流成果而不得不空缺，这说明中国在高端创新人才培养方面与发达国家存在很大差距。因此，借鉴诺贝尔科学奖得主在科研创新活动、创新思维方式、创新思维规律等方面的经验，对加速培养中国创新人才具有较大的现实意义和价值。同时，相关内容对丰富创造学、教育学、方法论等的研究也有裨益。

第一节　科研创新的内涵

科学研究作为人类的一种独特的高级创新性的活动，一般来说包括两大类：科学创新和技术创新。科学创新的目的是发现、探求出自然界的各种客体、对象本身具有的内在的规律和本质，而技术创新的目的是发明、设计出满足生产、军事、生活等领域里需要的机器、设备、工具等。因此，科学创新和技术创新存在一定的差异。

一、科学创新的本质

从词源上看，创新是以新思维、新发明和新表述为特征的一种创造性的研究活动，它起源于拉丁语，原意包含有三层含义：一是指更新；二是指创造新的东西；三是指改变。创新是人类特有的一种认识能力和思维能力，是人类主观能动性的高级表现形式，同时，它也是评价科研人员研究能力和判断科研成果水平的重要标准。

那么到底什么是创新呢？从纯粹的字面上看，“创”就是造，即把这个新东西、新事物创造出来，而“新”就是新思路、新事物、新成果。因此科研人员在立项、论证、研究方法、研究手段、数据处理、现象分析、设备组合、课题立项及理论抽象等一系列科研活动中所表现出与前人不同的思维方式和行为方式，都归属于科研创新范畴。

科学研究的创新还有一个常用的提法——原始创新，它指的是前所未有的成果，即在历史上、在世界范围内都没有出现过的新的创造成果，包括新发现、新观点、新理论、新材料、新技术、新方法等。但是如果从科研活动的最终结果来看，科研创新则主要体现在研究成果是否具有很高的科学意义或很大的应用价值。实际上，瑞典皇家科学院的院士在评选诺贝尔科学奖的成果时，主要还是依据这个标准。在科学发现、理论探索和技术创新领域都是这样的标准。

在国内学术界和教育界，一般将思维分为逻辑思维和非逻辑思维，而后者又常常被习惯性地称为创造性思维，似乎非逻辑思维具有比逻辑思维更高的创造性。其实这种观点和看法是不全面的，容易让人产生误解。因为科研创新活动的主要的评价标准是其研究成果是否具有很高的科学意义或很大的应用价值。因此，按照这种评价标准，有的成果可能是运用逻辑思维方法获得的，却具有很大的科学意义，从而获得诺贝尔科学奖。典型的案例是居里夫人发现化学新元素钋的思维活动过程。法国物理学家贝克勒尔发现天然放射性现象后，居里夫人开始从铀矿混合物中提取纯铀，她测了纯铀的放射性计量（U），在此之前，她还预先测了未提纯前铀矿混合物的放射性计量（H）。当时，物理学家们都认为，只有铀元素才具有放射性，其他元素没有。据此认识，居里夫人判断，U 的数值应该和 H 的数值差不多。但实际比较的结果让居里夫人疑惑不解，U 的数值要比 H 的数值小得多。居里夫人经过认真分析和判断，认为在铀矿混合物中还存在一种新的未被人们发现的元素，但其他物理学家都嘲笑她异想天开，最后居里夫人通过实验提取出这一新元素钋后，他们才承认她的判断是正确的。在这个思维过程中，居里夫人运用的只是逻辑思维的不矛盾律。这个重大发现使得居里夫人获得 1911 年的诺贝尔化学奖。

我们可以肯定的是，居里夫人的科学发现毫无疑问是科技史中非常重大的科研创新，这一点在任何国家都不存在争论。我们应该认真思考的问题是，为什么自古希腊时代就形成的古老的逻辑思维方法，能够导致如此重要的科学成果呢？我们认为，关键的因素是，科研创新的最根本标志是最终成果的价值性、意义性、独特性，而不取决于科学家所采用的思维方法。所以，即使运用的是看似简单的逻辑思维方法，但这一方法作用在全新的研究对象上，包括物理学家未知的研究对象，即铀矿中的（各种）放射性元素（不只是铀元素，还有其他放射性元素，只不过后者物理学家当时并不知道而已）。因此才能够使居里夫人做出这个重大的科学发现。这种情况类似于一个探宝者，利用的是大家共同使用的普通的探测工具，他却是在一片处女地进行的探索，由此导致这个探宝者发现了全新的宝物。

居里夫人的这一案例充分说明，科研创新是以最终的成果为评价标准的，在某种意义上说，它是以最终科研成果的成败论英雄的。有鉴于此，我们不能片面强调所谓创造性思维在科研创新中的作用，而应该同时注意逻辑思维的重要作用。事实上，我们对百余年诺贝尔物理学奖成果的分析、统计后发现，这些一流的重大科研创新成果绝大多数通过物理学家的逻辑思维活动而研究成功的，比例在 95%以上，这再次充分说明了逻辑思维在科研创新中的巨大作用和重要价值。

从西方的科学和文化传统角度观察，西方文明的最突出特征就是逻辑思考，比如古代希腊哲学家德莫克利特和其老师留基伯提出的原子论就是逻辑思维的典型成就。原子论避免了逻辑上的无限倒推，因此要比泰勒斯的“水”本原、赫拉克利特的“火”本原观点优越，因为“水”、“火”本原观经不起追问，“水”、“火”又是什么构成的呢？它们的颜色不同，应该存在构成差别，比如海水显现蓝色，而河水是黄色。古希腊哲学家阿利斯塔克提出的“日心说”，同样也是逻辑思考和推理的结果，因为如果地球存在自转的话，那么地球就可能是绕太阳旋转。地球自转和不自转的可能性各占50%，为什么一定是地心说呢？看见，阿利斯塔克当时提出日心说并不是依据观察实验，而是严谨的逻辑思考。这也显示出逻辑推理的巨大威力。

二、技术创新的特征

科研创新是产生一流科技成果的必由之路，因此世界各国的学者和科研机构都比较关注科研创新问题的研究和探讨。特别是20世纪60年代以来，技术创新在国家综合国力和国际竞争力的作用越来越重要，因此，许多西方学者和科研机构对此问题进行了广泛和深入的分析和研究，取得了不少重要认识。

NSF从20世纪60年代开始组织有关学者对技术变革和技术创新进行研究，在NSF的报告《1976年：科学指示器》中，将技术创新定义为“技术创新是将新的或改进的产品、过程或服务引入市场”，而明确地将模仿和不需要引入新技术知识的改进作为最终层次上的两类创新而划入技术创新定义范围中。

从20世纪70~80年代开始，有关创新的研究进一步深入，开始形成系统的理论。著名学者弗里德曼把技术创新对象基本上限定为规范化的重要创新，他从经济学的角度考虑技术创新，认为技术创新在经济学上的意义只是包括新产品、新过程、新系统和新装备等形式在内的技术向商业化实现的首次转化。他在1973年发表的《工业创新中的成功与失败研究》中认为，“技术创新是一技术的、工艺的和商业化的全过程，其导致新产品的市场实现和新技术工艺与装备的商业化应用”。其后，弗里德曼在1982年的《工业创新经济学》修订本中明确指出，技术创新就是指新产品、新过程、新系统和新服务的首次商业性转化。

进入21世纪以后，在信息技术推动下的知识经济的形成及其对技术创新的影响进一步扩大，科学界于是开始反思对技术创新的认识，认为技术创新是一个科技、经济一体化过程，是技术进步与应用创新共同作用催生的产物。

第二节　诺贝尔奖得主科研创新的特点

诺贝尔科学奖获得者作为具有最高科研创新能力的群体，尽管他们属于不同的国家和民族，科研领域也分为物理学、化学、生理学/医学等三大学科的几十个分支领域，但从科研活动这一角度看，他们的创新活动却具有自己的特点，当然未获得诺贝尔科学奖的科学家有时也具备和他们相同的创新特点，但在诺贝尔科学奖获得者那里表现得更加突出一些，因此给人的启发也比较大些。通过深入、全面的分析和概括，我们发现各国诺贝尔科学奖获得者科研创新的特点主要表现在以下几个方面。

一、兴趣浓烈、好奇心强

诺贝尔科学奖获得者的一个共同特点是对科学探索有着十分浓厚的兴趣和非常强烈的好奇心，因此才能够有强大的内在的驱动力量长期从事在外人看来枯燥乏味的科学研究工作，并从中感受到不同寻常的乐趣。对此，诺贝尔物理学奖获得者美籍华人丁肇中曾经在南京航空航天大学的一次演讲中指出，做科学研究的人最重要的是兴趣，有了兴趣，你可以为它放弃其他一切事情。他在演讲中还多次强调，基础研究工作的原始动力是好奇心，而不是出自于经济利益的考虑。各国诺贝尔科学奖获得者的科学兴趣往往是在青少年时期就被家庭或学校培养了，如居里夫人的两个女儿就是家庭培养出孩子科学兴趣的典型，她的女儿从很小时就经常到居里夫人的实验室，目睹了自己母亲科学研究的活动，因此对科学兴趣很大。后来成年后，居里夫人的大女儿伊雷娜·约里奥也投身科学研究事业，并且获得 1935 年诺贝尔化学奖。

在其他国家，特别是在日本还十分注意对青少年科学兴趣的培养，同时许多社会团体设立青少年科技奖以吸引学生参加各种科技创新活动。例如，著名的“学生科学奖”，从 1957 年创办至今，2002 年开始改为由负责制定日本科技政策的国家机构——科学技术振兴事业团主办，奖金也大幅度提高，最优秀的“内阁总理大臣奖”从 5 万日元提高到 50 万日元。这些活动提高了日本青少年学生的科学兴趣和素养。

与日本相比，中国在培养青少年的科学兴趣和素养方面存在一定的差距，这与中国的教育理念，教育目标，教育方法，教师的素质、修养，以及社会环境等均有关系。长期以来，中国教育界认为教育的主要目标是已有的知识的传授，加上优质的高等教育资源相对缺乏，从而导致应试教育盛行。在这种情况下，学生只是被动地学习，因此对科学的兴趣不大。从社会角度看，中国科学界论资排辈现象比较严重，获奖的科学家往往是高龄的人，这也减弱了年轻学生进入科学研究领域的动力。有鉴于此，中国应该高度重视青少年科学兴趣的培养，强化素质教育。同时，可以借鉴日本的成功经验，设立国家级的“青少年科学奖”，以奖励优秀的青少年学生的科学研究和技术发明成果。

二、深入前沿、选题新颖

从科学研究的微观层次看，我们发现世界各国诺贝尔科学奖获得者的科研项目具有深入前沿、选题新颖的突出特点，他们选择的科研课题不少还是国际科学界关注或争论的焦点。这从一个方面反映出这些获奖者对科技前沿的熟悉和了解程度；同时说明，要想做出世界一流的科技成就，必须在前沿科技领域进行探索，步人后尘是没有价值的。另外，它还表明，科学家必须时刻注意国际科技发展动向，重视国际科技交流。例如，李政道和杨振宁 1956 年研究的弱相互作用下宇称不守恒问题，就是当时国际物理学界探索的前沿课题。许多西方物理学家由于坚信宇称守恒原理，所以始终无法突破。正是西方物理学家的思路全部错误，才使得李政道和杨振宁的成果更加突出，他们也因此在 1957 年就获得了诺贝尔物理学奖。

与西方科技界相比，中国科学家对科技项目的新颖性重视远远不够，重复研究相当普遍。这种倾向的产生有其机制和管理上的原因，其根源在于中国各部门之间的条块划分较严重，并且协调和管理措施不到位。以高等院校这一科研主体来说，就分别隶属于教育部、各部委、省、市等不同部门。在科研立项上，高等院校除了从国家自然科学基金委员会、科技部等申请资助外，还可向各自的主管部门和所在的地区申请立项，这就很难避免项目的重复。这种重复存在两种类型：一是有的申请者将同一个课题同时向不同的部门申请立项并且获得资助，如既向国家自然科学基金委员会申请，又向教育部规划项目和省自然科学基金部门申请，这无疑会造成科研资金的浪费；二是不同高等院校的科研人员向不同的部门申请了研究内容大致相同的科研课题，两者均获得资助，并且两者互不知晓，在研究过程中也无任何沟通和交流。这同样导致科研资金的浪费。显然，中国科技管理部门必须尽快改变这种项目申请中的多头申报、条块划分的状况，否则对科技创新极为不利。

三、不惧权威、大胆创新

诺贝尔科学奖获得者的第三个特点是不惧权威、大胆创新。在科技史上，一些获奖者在自己的研究思路和创新成果受到科学权威的否定后，仍然坚持不懈，最终取得成功。例如，丁肇中为了寻找一种新的夸克，决定建造一个灵敏度极高的新型探测器，当时他的目标是将探测新夸克和旧夸克的灵敏度提高到一百亿分之一。但一位物理学权威却认为丁肇中的实验难度太大，几乎不可能实现，因此世界各国的高能物理实验室都拒绝为丁肇中安排设备研制和测试的机会。后来几经周折，才在美国布鲁克海文国家实验室用 AJS 做了成功的实验，发现了一种新的夸克—— J 粒子。还有些诺贝尔科学奖获得者是对权威已经做出定论的观点进行大胆怀疑，并且最终推翻了权威的错误结论，从而取得成功。例如，印度物理学家拉曼怀疑英国著名物理学家、诺贝尔物理学奖获得者约翰·瑞利关于海水因反射了天空的蓝色而变蓝色的结论，于是自 1921 年开始进行实验探索，最终发现了著名的拉曼效应。

从历史上看，科学是在不断否定前人错误的基础上发展起来的，因此科学家只有不惧权威、大胆创新才能够有所创造、有所成就，而如果拘泥于前人、述而不作是不可能取得科技突破的。正是认识到了这一点，1942 年美国科学社会学家默顿提出了科学家应该遵守的行为规范，包括普遍主义、公有主义、无私利性、独创性和有条理的怀疑主义。[①] 时至今日，怀疑思维和精神已经成为西方科学界和教育界公认的基本规则之一。可以说，没有不惧权威、大胆创新的怀疑思维和精神，也就没有科学的产生和兴盛。

四、思路独特、注重分析

创新型研究的最大特征就是科研思路独特，而诺贝尔科学奖获得者恰恰都具备这一优势。从思维方面看，这些获奖者在逻辑思考上缜密、严谨、注重分析，而在非逻辑思考上则善于运用想象、顿悟、灵感、直觉等思维方法。这说明诺贝尔科学奖获得者十分注重思维的创新而且非常活跃。例如，巴基斯坦物理学家萨拉姆在研究电磁作用、引力作用和弱作用统一问题时，运用独特的思路导出了一组方程，后来被称为"规范理论"，从而解决了计算中总是包含无

---

① 转引自陈士俊. 1994. 科学学与科学方法论导论. 天津：天津大学出版社：210。

法理解的无穷大这一难题。

与西方国家教育界相比，中国对学生创新思维、创新方法等的培养也不够重视，而是侧重知识的传授。这也是为什么知识基础不如中国学生牢固的美国学生，到了研究生、职业科学家阶段却反而能够做出重大科技成就来的主要原因。

五、重视应用、关注推广

世界各国的多数诺贝尔科学奖获得者往往十分重视科技成果的应用和推广工作。在获得诺贝尔科学奖的重大成果中，有相当高的比例很快获得应用。例如，美籍华裔物理学家朱棣文及同事发明的光学黏胶和磁光陷阱技术，其激光冷却和陷俘单个原子的方法可以制造极高精度的原子钟，对提高 GPS 的精度十分重要。

20 世纪 60 年代以来，科学和技术的关系越来越紧密，各国从事基础研究的科学家开始关注科研成果的应用问题，而且这类应用性的研究更容易获得国家、军队或企业的资金资助，从而推动科学家的科研工作。正因为如此，20 世纪 60 年代以来，许多获得诺贝尔科学奖的科学家都主动寻找自己的获奖成果在工业和军事领域应用的各种途径。不仅如此，一些获奖者还直接参加了企业或军方的尖端技术的研发工作。

六、多产高产、研究不辍

世界各国的绝大多数诺贝尔科学奖获得者在获奖后不仅未停止自己的科学研究活动，而且还进一步取得其他重要的科研成果。例如，1936 年出生今年已经 78 岁高龄的著名物理学家丁肇中仍然在负责由 56 个国际科研机构合作承担的国际性大型科研项目——ASM 实验，目的是寻找宇宙太空中的反物质和暗物质。而丁肇中在 1976 年获奖后进行的重大科研项目如下：1979 年夏发现了三喷注现象，为胶子的存在和量子色动力学提供了实验依据；他进行的高能下电磁作用与弱作用干涉效应的实验，为弱电统一理论提供了实验依据；自 1981 年起，丁肇中领导一个包括中国在内的十几个国家的近 400 名物理学家参加的 L3 研究课题组，在欧洲核子研究组织大型正负电子对撞机（LEP）上进行高能物理实验，以寻找新的基本粒子及粒子物理的新现象。

显然，已经获得诺贝尔科学奖的科学家，从事科学研究已经完全成为满足自己兴趣的创造性活动了。即使没有制度上的要求，获奖者也会继续进行科研活动。例如，丁肇中如果 60 岁从美国麻省理工学院退休的话，他的年薪会比现在高得多，但是丁肇中为了能够继续从事自己感兴趣的科研项目，一直未办理退休手续。

诺贝尔科学奖获得者科研创新活动的上述特点对中国科学家有极高的借鉴价值，对中国教育工作者也有很高的参考意义。当前，党中央、国务院提出建设创新型国家的宏伟目标，这就要求中国教育界能够培养出大批具有创新能力并且达到国际一流水平的科技人才。同时，北京大学、清华大学等“985”重点高等院校制定了跻身世界一流大学的奋斗目标，这说明中国教育界已经高度关注创新型人才的培养问题。显然，借鉴和参考诺贝尔科学奖获得者科研创新活动的特点可以加快中国一流科研人才的培养。

在知识经济社会，国际竞争的实质是创新能力的竞争，是创造和运用知识的方法、技巧和能力的竞争，而不是记忆知识的竞争。因此，在培养创新型人才的问题上，我们必须要有紧迫感。回顾新中国成立后的科技发展史，中国之所以能够在较短时间内成功实现“两弹一星”的国家战略目标，是与当时科技工作者的创新能力、科研水平密切相关的。但那时的科研人员绝大多数是留学归国人员，是“洋博士”，也就是说，他们是西方教育界培养出来的一流人才。中国科技未来的发展当然也会有新时代的留学归国人员甚至外国科学家的参与，但从根本上说，主要还得靠国内大学培养的千千万万的高级人才。我们不可能再像 20 世纪 50 年代那样，依靠西方国家的大学为我们培养所需要的高水平、创新型人才。

另外，从统计上看，近代以来世界各国建国后平均约 30 年就会有本土培养的科学家获得诺贝尔科学奖，而新中国自 1949 年成立至今已经 60 余年，却还没有本土的科学家获奖，这不能不说是中国教育界和科学界的遗憾。改革开放以来，中国经济高速发展，政局稳定，党和国家又高度重视科学技术工作。我们相信，只要中国在科技政策和科技管理上消除其中的不合理之处，中国科学家一定能够在不远的将来获得诺贝尔科学奖。

第三节　诺贝尔奖得主的创新思维方法

通过对百余年诺贝尔科学奖成果的历史分析和总结我们发现，诺贝尔科学奖获得者的创新思维具备十大特点，即问题思维特点、怀疑思维特点、逻辑思维特点、非逻辑思维特点、回采思维特点、集成思维特点、逆向思维特点、哲学思维特点、严谨思维特点和敏锐思维特点。这些思维特点，尤其是问题思维特点、怀疑思维特点和哲学思维特点对培养创新型人才极为重要，在教育学上具有很大的启发意义。

百余年来，诺贝尔科学奖涵盖了现代科学的主要研究领域，获奖成果包括重大科学发现、重要理论创新及尖端技术发明等，是举世公认的科学领域的一流成果。诺贝尔科学奖获得者具有极高的创新意识、独特的思维视角和高超的实验技能。作为最高原始创新性的科学成就，诺贝尔科学奖成果充分体现了获奖者创新思维的特点和创新过程的技巧。下面将通过对百余年来诺贝尔科学奖获得者创新思维特点的总结与分析，探讨其对培养中国创新型人才的若干启示。

一、诺贝尔奖得主创新思维的特点

通过对百余年来诺贝尔科学奖成果的考察，我们发现获奖者创新思维的特点可归结为以下十大类。

（一）问题思维特点

所有诺贝尔科学奖获得者的成果都是对某一重要科学问题的创新解决。从获奖者个人的研究过程看，他们无一例外地十分重视科学问题的寻找、分析和思考。科学技术史早已表明，科学成就的高低是与所选择的科学或技术问题的价值和意义紧密相关的。直到现今，科学界评价科学成果时仍然按此标准。比如，诺贝尔评奖委员会在评奖时，考虑的主要因素是成果的学术价值和科学意义，而不是智力的难度、思维的技巧等。居里夫人发现化学新元素钋就没有什么智力难度，而这一成果的科学意义很大。当然，获得诺贝尔科学奖的成果，其研究难度有高有低，一般说来，科学理论的研究通常难度较大，因为理论的分析和探讨往往需要相当复杂的数学工具进行推导，对科学家的数学水平要求很高。

历史上，有些科学家，包括一些年轻的科学家，正是在选择了有价值的问题后才获得了成功。例如，日本第一位获得诺贝尔科学奖的科学家汤川秀树的科研经历就很典型。汤川秀树研究生毕业后，为了做出一流成就，一直紧跟欧洲科学家的研究，但却总是在别人后面亦步亦趋做些“修修补补”的工作，后来汤川秀树认识到，必须自己找到有意义的科学问题，才有可能当“领头羊”超越欧洲科学家。随后，他选择了原子核内质子与中子的强相互作用疑难作为主攻问题，并最终取得成功。

著名科学家爱因斯坦对问题思维的重要性有精辟的论述：“提出一个问题往往比解决一个问题更重要。因为解决一个问题也许仅是一个数学上的或实验上的技能而已。而提出新的问题、新的可能性，从新的角度看旧的问题，却需要有创造性的想象力，而且标志着科学的真正进步。”（爱因斯坦和英费尔德，1962）

（二）怀疑思维特点

许多诺贝尔科学奖成果都是在获奖者大胆怀疑前人，包括很高的学术权威的结论后取得的，这说明怀疑思维是获奖者普遍具有的一个思维特点。这也符合科学发展最显著的特征，即不断创新，不断超越前人，不断突破传统。正因如此，怀疑思维才受到获奖者的高度重视。时至今日，怀疑思维已成为西方科学界公认的最重要的规则之一。1942 年，美国科学社会学家默顿提出了科学家的行为规范，包括普遍主义、公有主义、无私利性、独创性和有条理的怀疑主义。受社会诸因素的影响，“有条理的怀疑主义”在某些时期、某些国家却不能充分落实。即使在当今西方国家，学术权威压制不同学者、学派的质疑和批评也并未完全绝迹。虽然如此，大多数科学家都已认识到怀疑思维对具体科研活动和整个科学发展的极端重要性，因此一般会主动采纳这一规则。当然，在制度上，西方国家科学界也有一定的相关规定和惯例，以保证怀疑者能够尽量不受压制。但在中国，这方面的机制还不完善。

另外，西方哲学家对科学发展内在规律和模式问题的探讨和研究，也强化了怀疑思维在科学界的普及，如著名的英国哲学家波普尔提出的“否证主义”（又称“证伪主义”）的科学发展观，就从哲学层面论证了科学发展的证伪模式，这种模式在某种意义上又是评价科学理论的一种标准。同时，“否证主义”也是科学家在科学研究过程中可以采用的一种行之有效的科研方法。因此，“否证主义”哲学理论对西方学术界产生了巨大的影响，这必然会强化怀疑思维在西方科学家和学生中的广泛流行和推广。对此，中国教育界应该在本科生教育阶段全面介绍西方科学哲学家的相关学术观点，以培养学生的大胆怀疑精神，这对提高学生的创新能力和创新意识将起到积极的作用。

（三）逻辑思维特点

不少诺贝尔科学奖获得者是通过逻辑思维而取得创新性成果的，我们经过严格的统计发现，诺贝尔科学奖的成果 90%以上是科学家通过逻辑思维获得的，其中诺贝尔物理学奖的成果 95%以上是逻辑思维的成果。这表明逻辑思维在科学研究中非常重要。提到科学家的创新性，中国学术界和教育界一般认为想象、顿悟、直觉、灵感等非逻辑思维起的作用更大一些，这其实是一种片面的认识。科学领域里的创新集中表现在成果的创新上，即使所用的方法是逻辑思维方法或已有的方法，甚至是模仿别人的方法和思路，但只要成果具有重要价值和科学意义，就会被认为是创新的成果。在科学史上，有些获得诺贝尔科学奖的科学家用的仅仅是简单的形式逻辑推理，但成果的创新性却极高，居里夫妇发现放射性元素钋、德布罗意提出“波粒二象性”假说就是典型的例子。

逻辑思维和形式逻辑推理之所以能够使诺贝尔科学奖获得者取得重大的成果，其原因在于他们的课题是全新的未知的问题。因此将逻辑思维作用于新的研究对象上就极有可能获得重要的结果。另外，逻辑思维的独特形式——数学推导是一种非常有效的理论分析工具，它也是逻辑思维的重要表现方式。数学工具的作用主要是实现科学研究的抽象性、超前性、精确性和预见性，因此可以使得科学家发挥主观能动性，进而通过这种独特的逻辑思维活动把握自然对象的规律。

（四）非逻辑思维特点

非逻辑思维是指想象、顿悟、灵感、直觉等思维活动，其特征是无程序性、不可预知性、突发性、偶然性等。有些诺贝尔科学奖获得者就是运用非逻辑思维方法获得成功的。由于这种科学方法的不可预知性、突发性，同时人们对脑科学的内在规律还不是很清楚，所以使想象、顿悟、灵感、直觉等思维活动带上了一定的神秘色彩。从科技史的成功案例来看，虽然非逻辑思维的具体微观的内在程序难以把握，但它存在明显的外在的宏观行为程序，即科学问题刺激→经过一段时间持续的、紧张的思考→思维放松→外界偶然因素刺激或自身经验启发→到顿悟、灵感、直觉出现→实验验证或理论论证。这说明，科学家只要遵循这一宏观的外在行为程序，就有可能获得顿悟、灵感、直觉等非逻辑思维，从而取得成功。可见，非逻辑思维方法应该成为科学研究的重要方法和常用方法之一，科学家应该主动运用。

从人类的心理学角度分析，非逻辑思维是科学家内在的一种大脑功能。心理学研究表明，科学家在面对一个未解决的难题，尤其是感兴趣的科学问题时，会发生显意识和潜意识的轮流思考活动，有时还会产生睡梦中的潜意识思维活动，这是大脑本身具备的一种功能，只要有问题刺激，大脑就会自行启动潜意识思维活动。其实，在日常生活的大脑活动中，人们也会出现潜意识思维，而且这种潜意识思维过程往往还具有一定的大脑细胞的神经自动连接、回忆和思考功能。比如我们在回忆某个事情又一时想不起来的时候，大脑中枢有了这个任务目标后，脑细胞的神经连接就会自动去运行，最后经过一段时间我们就能够“突然”回忆起来那件事情。科学家的潜意识思维过程基本也是这种运行方式，所以想象、顿悟、灵感、直觉等非逻辑思维活动需要一定的问题刺激和宏观的外在行为程序或者环境因素影响，正因为如此，科学家应该主动为自己创造想象、顿悟、灵感、直觉等非逻辑思维产生的条件，同时要在相当长一段时间内保持对所研究问题的注意力，从而加速获得灵感等非逻辑思维的成果，最终实现所研究的科学研究课题突破的目标。

（五）回采思维特点

所谓回采思维是指利用已有的科研成果解决科学家当前研究中的关键难题，从而取得突破的一种思维方法。铯原子钟的发明就是这种方法成功运用的一个典型案例。

1967 年以后，原子钟的研究更加卓有成效，以至于人们依据铯原子的振动而对秒重新做出了定义。现在科学家发明的原子钟走时极其精确，其误差为 10 万年内不大于 1 秒。历经努力，科学家研制的三种原子钟——铯原子钟、氢微波激射器和铷原子钟都已成功地应用于太空、卫星及地面控制。这三种原子钟的基本原理相同，区别在于元素的使用及能量变化的观测手段不同。目前在这三类中最精确的原子钟是铯原子钟，GPS 最终采用的就是铯原子钟。

回采思维方法充分说明，科技成果之间存在内在的联系，同时创新思路、创新技巧和创新设计等是可以相互借鉴的，正所谓“他山之石可以攻玉”。科学家在进行创新活动时，应该时时考虑到这一点，因此必须重视已有资料的整理和分析工作，从而大大加速自己的科学研究进程。

（六）集成思维特点

集成思维主要指的是在技术发明活动中，将各自独立的部件系统、综合成一个完整的整体，或者将不同门类的专业技术综合起来，从而实现功能整合、优化设计的一种思维方法。这一方法的典型是集成电路的发明。1959 年，美国德州仪器公司的杰克·基尔比按照英国科学家达默的设想，利用台面管和硅的体电阻实现了半导体晶体内各元件相互绝缘，而电路则布在半导体的表面，从而成功制成第一块集成电路。同年，美国加州仙童公司的赫尔尼和诺依斯发明了独特的“平面工艺”，使集成电路的生产实现了实用化和工业化。

集成电路是一种微型电子器件或部件。采用一定的工艺，把一个电路中所需的晶体管、二极管、电阻、电容和电感等元件及布线互连一起，制作在一小块或几小块半导体晶片或介质基片上，然后封装在一个管壳内，成为具有所需电路功能的微型结构；其中所有元件在结构上已组成一个整体，使电子元件朝着微小型化、低功耗和高可靠性方面迈进了一大步。集成电路是 20 世纪 60 年代初期发展起来的一种新型半导体器件。集成电路具有体积小，重量轻、引出线和焊接点少、寿命长、可靠性高、性能好等优点，同时成本低，便于大规模生产。它不仅在工业、民用电子设备，如收录机、电视机、计算机等方面得到广泛的应用，同时在军事、通信、遥控等方面也得到广泛的应用。用集成电路来装配电子设备，其装配密度比晶体管可提高几十倍至几千倍，设备的稳定性也可以得到大大的提高。

由于微电子技术、自动控制技术、信息技术等的迅速发展，近年来技术领域里的集成思维已成为一种潮流，对技术发明活动产生了极大的影响。从方法论角度看，任何科研人员在技术发明中都可以利用集成思维来优化设计，甚至做出重要的创新成果。

而从宏观角度看，技术研发的集成思维特点要求科研机构组织大兵团作战，进行不同专业技术人员的思维激荡，这将能够实现加速推进技术开发工作的目标。而从技术特别是尖端技术在当代的特点看，科研团队也需要“集成”才能够顺利完成任务。

尖端技术的研发具有知识密集、智力密集和专业密集的特点，因此客观上要求集中多家科研单位联合攻关。以信息产业的核心技术——集成电路芯片为例，其技术领域就包括半导体材料、集成电路制造工艺与装备、新型元器件（如砷化镓高速器件、超晶格器件等）、激光、超导技术等。同时新一代芯片的研发还涉及相关的基础科学，如固体物理学、量子物理学、量子化学、光电子学、结构化学、分子生物学、材料学、现代数学、逻辑学等。在历史上，美国研制第一台电子计算机、第一颗原子弹，以及后来的“阿波罗”登月计划和“北极星”导弹核潜艇研制都是军民合作攻关联合研制才取得成功的。其中“阿波罗”计划共有近 2 万家民间公司和科研机构参加，涉及研发人员 45 万多人，大学

100多所。该计划需制造700多万个部件，研究课题多达5万项(郑积源，1986)。

随着科技的迅猛发展，尖端技术研发的难度和复杂度还会提高，这必然促使科研团队不断“集成”以适应客观的需要。

（七）逆向思维特点

逆向思维即指与通常思维（思路）方向相反的一种思维方法。例如，日本科学家江崎玲于奈在逆向思维指导下，利用“简单得令人难以置信”的掺高浓度杂质的锗单晶体制成的薄P-N结，成功发现了电子的隧穿效应。而欧美其他一流科学家却是通常思维：提纯，且花费了大量时间、精力和资金。江崎获1973年的诺贝尔物理学奖。

逆向思维也叫求异思维，它是对司空见惯的似乎已成定论的事物或观点反过来思考的一种思维方式。敢于“反其道而思之”，让思维朝着对立面的方向发展，从问题的相反面深入地进行探索，从而树立新思想，创立新模式，这样的思维方式就是逆向思维。

逆向思维的第一个特点是批判性。逆向是与正向比较而言的，正向是指常规的、常识的、公认的或习惯的想法与做法。逆向思维则恰恰相反，是对传统、惯例、常识的反叛，是对常规的挑战。它能够克服思维定式，破除由经验和习惯造成的僵化的认识模式。

逆向思维的第二个特点是新颖性。循规蹈矩的思维和按传统方式解决问题虽然简单，但容易使思路僵化、刻板，摆脱不掉习惯的束缚。其实，任何事物都具有多方面属性。由于受过去经验的影响，人们容易看到熟悉的一面，而对另一面却视而不见。逆向思维能克服这一障碍，往往是出人意料，给人以耳目一新的感觉。

在创造发明的路上，科研人员更需要逆向思维，逆向思维可以创造出许多意想不到的人间奇迹。洗衣机的脱水缸，它的转轴是软的，用手轻轻一推，脱水缸就东倒西歪。可是脱水缸在高速旋转时，却非常平稳，脱水效果很好。当初设计时，为了解决脱水缸的颤抖和由此产生的噪声问题，工程技术人员想了许多办法，先加粗转轴，无效，后加硬转轴，仍然无效。最后，他们来了个逆向思维，弃硬就软，用软轴代替了硬轴，成功地解决了颤抖和噪声两大问题。这是一个由逆向思维而诞生的创造发明的典型例子。

日本是一个资源贫乏国，因此十分崇尚节俭。当复印机大量吞噬纸张的时候，日本人将一张白纸正反两面都利用起来，节约了一半纸张。日本理光公司的科学家不以此为满足，他们通过逆向思维，发明了一种“反复印机”，已经复印过的纸张通过它以后，上面的图文消失了。重新还原成一张白纸。这样一来，一张白纸可以重复使用许多次，不仅创造了财富，节约了资源，而且使人们树立起新的价值观：节俭固然重要，创新更为可贵。

逆向思维是一种逻辑思维活动，虽然看似简单，却由于常常带来意想不到的重大创新成果而受到科学家的关注。但逆向思维不易把握的是，在哪一个阶段、对哪一个思路（问题）实施逆向。如果不会选择，则这一看似人人会用的“简单”方法，就变得不简单了。总结科学技术史中的成功案例可以发现，要使逆向思维发挥作用，科学家必须对所研究的问题有较深入的认识，有较强的理论功底，同时还要有大胆创新的精神。

（八）哲学思维特点

许多从事基础理论研究并获得诺贝尔科学奖的科学家很重视哲学的指导作用，而且有些获奖成果本身就具有哲学层面的意义。例如，弱电统一理论（世界的统一性）、原子核综合模型（辩证联系）等成果就是典型。

哲学思维方式指的是人们认识、改造客观世界时所运用的具有哲学特征的思维方法。其主要特征包括以下方面。

第一，哲学思维是辩证的思维方法。辩证法是对现存事物肯定的理解中同时又包含对现存事物的否定的理解，对任何事物都必须一分为二地看待，反对思维和方法的片面性和绝对性。

第二，哲学思维是批判性的思维方法。辩证法不崇拜任何东西，按其本质来说，它是批判的和革命的。所以哲学思维在本质上就是一种不盲从、迷信任何权威的批判性的反思过程和习惯。

第三，哲学思维是实践性的思维方法。哲学思维强调人的正确认识来源于社会实践，人对客观规律的正确认识不可能一次完成，社会实践发展了，人的思想认识就必须不断前进，同时，哲学思维认为实践是检验真理的唯一标准。

第四，哲学思维是超经验的思维方法。它反对经验主义，反对把实践观庸俗化，反对把过去的经验作为绝对真理来看待，它以高度的抽象性、概括性、逻辑性审视客观世界的事物和人类经验中的一切成分。

总之，哲学思维方法不是给人多少具体的科学知识，也不在于帮人解决了多少具体的科学问题，它的根本作用在于给人提供了一种正确的理性思维模式。哲学思维能够培养和锻炼人的思辨和分析与判断能力，从而使人们树立正确的认识观、方法论，更好地掌握认识世界、改造世界的正确方法，在社会实践中发挥其巨大的指导作用。

辩证思维是唯物辩证法在思维中的运用，唯物辩证法的范畴、观点、规律完全适用于辩证思维。辩证思维是客观辩证法在思维中的反映，联系、发展的观点也是辩证思维的基本观点。对立统一规律、质量互变规律和否定之否定规律是唯物辩证法的基本规律，同时也是辩证思维的基本规律，即对立统一思维法、质量互变思维法和否定之否定思维法。因此，我们只有坚持辩证思维方法，才能实现由感性认识到理性认识的飞跃。在对感性材料进行思维加工时，必须要运用归纳与演绎、分析与综合、抽象与具体等方法。另外，坚持辩证思维方法对建立科学理论体系、指导社会实践有着非常重要的意义。

显然，哲学思维对基础理论研究具有方法论的价值。随着研究对象日益复杂，哲学思维的重要性受到越来越多科学家的重视。当然，在运用哲学思维指导研究时，不能生拉硬扯，牵强附会，否则会适得其反，甚至对科学发展产生副作用。

（九）严谨思维特点

严谨思维既是一种工作或学习作风，也是一种研究方法（广义理解）和研究思路，历史上有些获得诺贝尔科学奖的科学家就是依靠严谨思维而取得了重大成就。科学研究的目的是探索自然界的内在规律，而规律往往混杂在各种各样的表象之中，因此需要严谨思维才有可能发现。这样的例子有很多，典型的如德国科学家伦琴发现 X 射线。

1895 年 11 月 8 日晚，伦琴陷入了深深的沉思。他以前做过一次放电实验，为了确保实验的精确性，他事先用锡纸和硬纸板把各种实验器材都包裹得严严实实，并且用一个没有安装铝窗的阴极管让阴极射线透出。可是现在，他却惊奇地发现，对着阴极射线发射管的一块涂有氰亚铂酸钡的屏幕（这个屏幕用于另外一个实验）发出了光，而放电管旁边这叠原本严密封闭的底片，现在也变成了灰黑色，这说明它们已经曝光了！

这个一般人很快就会忽略的现象（大多数科学家认为这只是普通的荧光），却引起了伦琴的高度关注，使他产生了浓厚的兴趣。他推测，照相底片的变化，恰恰说明放电管放出了一种穿透力极强的新射线，它甚至能够穿透装底片的袋子。不过目前还不知道它是什么射线，于是取名为“X 射线”。

1896 年 1 月 5 日，伦琴在德国柏林物理学会会议上展出了很多 X 射线的照片。在几个月的时间里，数百名科学家为此进行调查研究，一年之中就有上千篇关于 X 射线的论文问世。

伦琴虽然发现了 X 射线，但包括他本人在内，当时的科学家都不知道这种射线究竟是什么东西。直到 20 世纪初，人们才知道 X 射线实质上是一种比光波更短的电磁波，它不仅在医学中用途广泛，成为人类战胜许多疾病的有力武器，而且还为今后物理学的重大变革提供了重要的证据。正因为如此，在 1901 年诺贝尔奖的颁奖仪式上，伦琴成为世界上第一个荣获诺贝尔奖物理学奖的人。人们为了纪念伦琴的伟大贡献，将 X 射线命名为伦琴射线。

严谨思维不仅仅在实验阶段需要，而且在科研的其他环节，如资料分析、数据计算、理论概括等环节都需要，因为在这些环节都有科学家运用严谨思维取得了重大成就。

（十）敏锐思维特点

敏锐思维和严谨思维一样，既是一种作风也是一种方法（广义理解）。敏锐思维表现为科学家进行研究时在各个环节均保持高度敏感，关注细节，重视差异，以便能够从平常之处发现自然界的奥秘。自然界规律的蛛丝马迹常常以貌似很平常的现象表现出来，这就要求科学家时刻保持敏锐的头脑，否则就会失去做出成就的机会。这样的例子在诺贝尔科学奖获得者中很多，最典型的例子是日本筑波大学化学家白川英树等科学家发现导电塑料、英国科学家约翰·瑞利发现惰性气体氩。瑞利因氩的发现及在精确测定气体密度方面的成就而获 1904 年诺贝尔物理学奖。

2000 年 10 月 10 日，瑞典皇家科学院宣布了 2000 年诺贝尔化学奖获得者，他们是日本筑波大学的化学家白川英树教授和美国加利福尼亚大学的物理学家艾伦·黑格教授、美国宾夕法尼亚大学的化学家艾伦·马克迪尔米德教授，他们的重要贡献是发现了奇特的导电塑料。白川英树的科研成果对计算机和信息技术的发展有非常重要的作用和贡献。计算机和信息科学的主要硬件是无机半导体的超大规模集成芯片。现在电路的线宽已窄至 0.1 微米，接近了物理极限。进一步提高集成度要向分子器件发展，使单个分子具有器件功能。由于有机分子结构具有多样性，而且易于改变，便于制备分子器件。可以推测，伴随分子器件的出现，计算机的速度和存储将增大许多倍，这相当于现在计算机工业 40 年的发展。半导体塑料将在更多方面得到广泛的应用，如手机显示、大型平板显示、可折叠电脑屏幕和太阳能电池等。

把塑料做成导体是白川英树自 20 世纪 70 年代开始从事的科研课题，但这一想法是在一次偶然的无意的失败中提出的，却得到了巨大的成功。白川英树在研究有机半导体时使用了聚乙炔黑粉，一次，白川英树带的韩国研究生错把比正常浓度高出上千倍的催化剂加了进去，结果聚乙炔结成了银色的薄膜。白川英树知道后想，这薄膜具有金属之光泽，是否可导电呢？测定结果这薄膜不是导体，但正是这个偶然发现给了白川英树极大的启发。在后来的研究中，他发现在聚乙炔薄膜内加入碘、溴，其电子状态就会发生变化。正在这时，艾伦·马克迪尔米德教授邀请白川英树到美国开展共同研究，于是就有了3人的合作。他们研究2个月后，实现薄膜的电导率提高了7位数，测定的电表指针摆动起来。

白川英树等的重大发现，引起以IBM为首的计算机产业界的高度关注。白川英树等发现的导电性高分子材料必将推动世界IT产业的发展，它为薄型轻质电池和新型手机显示屏的发展开辟了更广阔的前景，未来高分子聚合体电池可应用于电动汽车，高分子电线可深入各个家庭，高分子集成电路芯片问世将成为可能，这势必掀起21世纪材料的革命。

二、对培养创新型人才的启示

毫无疑问，获得诺贝尔科学奖的科学家都是创新型的人才，这类一流的高级人才对科学发展的重要性不言自明，因此如何培养出此类高级人才就成为各国教育界和科学界共同关注的焦点问题。下面我们结合百余年诺贝尔科学奖获得者创新思维中的问题思维、怀疑思维和哲学思维这三大特点来进行深入、细致的分析和探讨。

（一）问题思维特点

创新型人才的特征之一是具备极高的发现科学问题的能力，因此要培养造就创新型人才，首先必须重视对他们在发现问题、分析问题、判断问题方面的专门训练，应该使学习者认识到科学研究的出发点是发现问题，而最终目标是解决问题。因此科学问题是科研的核心。即使那些“为科学而科学”、“为爱好而科学”的科研人员也必须围绕具体的科学问题来进行思考和探索，否则就是无目的、无目标地走马观花，很可能将一事无成。在科技史中有些获得成功的著名科学家，即使在他们的初期没有确立任何科研问题，但在“随意”探索的过程中一旦发现了具有重大科学意义的问题后，他们就会马上全身心地关注这个科学问题，直到最终解决它。

从科学进步需要的角度看，科学事业要求研究者具有强烈的“功利性”，即必须以科学问题为核心进行研究和探索，而不能只是徜徉田野式的随意漫步和观光旅游。所以教师尤其是研究生的导师应该逐渐让学习者养成带着问题进行学习的好习惯。在这一点上，中国教育界、科学界与西方发达国家，特别是美国教育界相比存在着很大的差距。中国的各级各类教育，包括高等教育历来注重科学技术知识的传授，而各种知识是现有的成果，已基本上不存在大的问题了。但西方的教育界却非常注重学生独立思考能力和问题思维的训练。因此，中国学生的创新意识普遍要比西方学生弱很多，创新的胆识也要小得多，创新的意识也要少得多。正如诺贝尔物理学奖获得者杨振宁所说，中国学生“读书扎实……但书读得多可能反而胆子小：重要的东西前人早就做过了，怎么可能轮到我这个后生?难免畏缩不前”（心远，1994）。

显然，这种意识状态在相当大程度上束缚了中国学生自己发现科学问题的主动性和积极性。而没有各种各样的问题，学生自然就没有研究的动力和兴趣，创造力也就发挥不出来。其最终的结果是，西方国家一些博士研究生的论文就能够获得诺贝尔科学奖，而中国博士研究生的论文连获得自己国家国内的各种科学技术奖的都几乎没有。

在培养创新能力上，中国教育界还存在一个很大的认识误区，认为只有打牢知识基础，才能有所创新，有所发明，否则就是欲速则不达。其实，这种观点未能辩证地看待（知识）基础和创新之间的关系。诚然，科学技术的创新需要一定的知识基础，但不是等到有了牢固的基础才能够或才有资格去从事科研创新。事实上，任何一个科学家的学识相对于不断发展着的知识大厦，其基础相对来说都是不够牢固的。但只要有了科学问题，科学家就完全能够通过“边干边学”的方式，以高效率掌握所需要的各种专业知识并进而从事科研创新活动。当今世界，各国都有一些非职业科学家、发明家取得过重大科学技术成就，如发明无线电通信装置的意大利人马可尼、中国发明大豆蛋白纤维布料的河南滑县农民李官奇等（这个发明是中国近代以来在纺织技术领域唯一具有自主知识产权的重要发明，受到世界各国的高度关注，因为这种纺织原料是可再生的植物，对纺织行业的可持续发展意义重大）。他们成功的重要原因：一是选了个好的科研课题，二就是采取“边干边学”的方式掌握相关的科学技术知识。因为存在科学问题的刺激，所以研究的动力很大，兴趣也非常高，学习效率也就自然很高，学习的效果往往也会很好，甚至对各种知识的记忆也比较牢固，不容易忘记掉。

与此同时，对于某个具体的科学问题来说，现有的海量知识内容并不都起作用，科学家需要的只是与问题相关的各种知识内容。另外，科学家一般是在有问题的情况下，才能判断哪些已有的知识对其研究是有用的，从而有选择地进行“边干边学”。这正像一个准备去干活的工匠，在面对具体的活时，才能知道需要哪些工具。如果非要等到一个科学家掌握了某一学科领域的所有知识才能进行科学的创新和研究活动，那么恐怕世界上任何科学家都搞不成科研了，因为科学知识是以几何级数的速度在增长着。同时有些竞争性强的前沿领域，科学家之间是相互保密的。也就是说，有些已经存在的科学知识和成果是无法通过正常的信息渠道（期刊、著作、网络、会议等）获得的。世界上任何一个科研人员的知识基础都是相对不全面的，所有科学家都只能够在“边干边学”中才能获得他们所需要的相关的知识，试图掌握全部知识后再去从事创新型的科学技术研究开发工作，既不现实也没有可能。

从哲学视角看上述问题，基础不牢、知识欠缺对搞创新型的科研工作并不一定是件坏事，因为这能使研究者避免各种前人已有的知识、理论、观点、方法的误导。在科技史中这类案例有不少，有的还是获得了诺贝尔科学奖的重大成果，如在生物学领域华生、克里克发现 DNA 双螺旋结构的重要成就，马可尼实现远距离无线电通信等就是这类情况的典型代表。这同时也从一个方面解释了为什么在科学技术领域里年轻人容易取得重大成就，其原因就在于年轻人的思想束缚较少、无条条框框（这与他们知识基础不牢固有关），所以才能够大胆创新，大胆怀疑、大胆否定，正所谓“初生牛犊不怕虎”。之所以不怕，就是因为初生牛犊没有关于老虎凶残的知识和经验。中国有一句古话“尽信书不如不读书”，是从反面说明这个道理。在科技史上，相当数量的诺贝尔科学奖获得者，特别是年轻的获奖者，在从事某项科学问题的研究时，并不掌握该问题的全部知识和技能，而是采取“边干边学”的方式完成了创新。因此，我们认为有必要将诺贝尔科学奖获得者的问题思维特点上升到“问题思维方法”的方法论高度。问题思维方法的重要性在于，它能够使研究者明确科研目标（确定具体的问题或者方向）、提高效率（“边干边学”）、活跃思维（问题在不断地刺激）和增强动力（有强烈的兴趣），从而加速科研创新的进程。

从心理学视角看，面对需要解决的科学技术问题，人的思维积极性、创造性和活跃性都会大大地提高，这时的人往往处于兴奋状态，思维能够长时间地集中于所要解决的问题，同时大脑在潜意识里也关注着问题，这使得科学家大脑的工作效率和思维效果都要比平时状态要优越得多。相反，若是普通的知识学习和记忆，人的思维活动在大多数情况下往往只是对现有材料（知识）的阅读、记忆及（不可避免的）遗忘。这种情况同时也能够解释为什么知识基础不如中国学生牢固的美国等西方国家的学生，到了研究生、职业科学家阶段却反而能够做出重大科学成就来。

总之，中国教育界和科学界必须认识到问题思维能力和问题思维方法对培养创新型人才的重要性和紧迫性，应该大力提倡“研究型学习”。在西方教育界，“研究型学习”有两种不同的含义：一种是 inquiry learning 或 inquiry-based learning（探究式学习）；另一种是 problem-based learning（问题式学习）。二者的实质是相同的，目标均是为了培养学生发现问题、解决问题及形成批判性思维的习惯。“研究型学习”都要求学生的主动参与，并在问题情景中让学生掌握相关的知识。两者的区别在于，前者强调学习的性质是探究，而不是填鸭式的灌输，后者则强调以问题为中心的探索和思考，在创造过程中掌握知识、提高能力。

由此可见，所谓“研究型学习”，是指学生在教师的指导下，相对独立地对某个问题进行探索和研究，从而提高学生解决问题的能力，促进其思维水平的提高，并使学生领悟到科学研究的基本方法和技巧，同时激发起学生的学习与研究的兴趣，最终培养学生的创新精神、训练学生的创新思维。一般来说，“研究型学习”的要素包括提出问题、制订研究计划、进行资料收集分析与评估、开展探索式研究和讨论。早在 20 世纪 70 年代，美国教育界就提出过多种研究型学习模式，如奥斯本–伯内斯创造性学习模式、托马斯–布鲁巴克探索式学习模式等。20 世纪 80 年代中后期以来，美国政府制订了著名的《美国 2061 计划》，强调学习应该坚持学生的主体性原则，应该鼓励学生通过亲身实践进行探索式学习，开展批判性思维。可见，“研究型学习”在西方教育界已成为普遍模式，不仅大学，就是中学也广泛开展“研究型学习”，这对提高学生的创新意识和能力十分重要，值得中国的教育界参考和借鉴。

在具体的措施上，可以仿效香港科技大学的通行做法，要求博士研究生和硕士研究生每半个月或一个月对本学科前沿领域进行一次综述性的学术报告（面向导师团队、以英文撰写和汇报，同时提出自己的问题和思考）。实际上，这种做法在西方发达国家被普遍采用，有的国家称之为“讨论班”，其英文是 seminar，往往定期举行，效果非常突出。20 世纪 50 年代中国导弹之父钱学森在主持国防部导弹研究院的科研和设计工作时，为了攻克科技难关，同时也是为了培养、训练毕业不久的大学生尽快提高科研能力和水平，就采取了“讨论班”的模式，实践证明这种方法十分有效。

（二）怀疑思维特点

科学是在不断推翻前人各种错误认识的基础上进步和发展起来的，因此，科学家必须具备大胆怀疑的精神和作风，同时，也要有欢迎其他科学家，甚至学生怀疑自己观点、学说的雅量和胸怀。与西方科学技术发达国家相比，中国教育界和科学界在对学生，特别是研究生怀疑思维的培养上也存在不小的差距和问题。

在中国，历来有把自己的老师当作长辈的习惯和说法，所谓“一日为师，终身为父”。在此社会文化的大背景下，人们对自己老师的观点、学说自然是抱着十分崇拜和追随的态度，以此显示学生对教师的尊敬和爱戴。显然这种传统作法和行为方式对培养学生的怀疑思维、怀疑精神是极其不利的。实际上，从现代公民社会的角度看，教师只是众多职业中的一种而已，只不过工作性质比较特殊一些，而且由于科学自身的“怀疑本性”和“否定本性”，所以没必要“过度尊师”。而从法律的角度看，学生和教师是完全平等的公民，教师有培养学生的义务（这是职业的基本要求），学生也有批评（广义理解）教师的权利（这是法律的明文规定）。所以，学生怀疑、反对、否定自己老师的观点是完全正常的。同时，师生关系也是相对的，孔子早就指出：“三人行必有我师。”

“尊师”如果仅仅是从人格、品行方面尊重、景仰自己的老师，当然是无可厚非的。但在中国，由于各种社会因素的影响，“尊师”有时往往会演变成维护某些学术权威的学术地位，甚至遮掩学术权威学术腐败的借口，特别是在学术权威掌握一定权力的情况下，往往会形成所谓的“学霸”。一些“学霸”依仗自己手中的科技资源控制权对持不同学术观点的科学家进行随意的压制、打击，而这类“学霸”的一些弟子、同事等有时为了自身或小集体的一些利益，又千方百计地维护“学霸”的这种不正常的、畸形的权威，从而形成科学界里的特殊利益集团。在这种情况下，不要说对“学霸”的学术观点进行怀疑、批评了，就是正常的科学评价工作也会被严重扭曲甚至根本无法进行下去。长期以来，中国科学界的学术批评不能正常开展，与上述状况的存在是密切相关的。

另外，在中国高等教育领域，一些导师利用自己对所带的硕士和博士研究生在课程考评、论文答辩、学位授予等方面的控制权，以低劳务报酬甚至无劳务报酬强迫研究生从事科研辅助工作，有的所谓“科研工作”几乎就是简单的数据、信息的处理、录入等，不仅占用了研究生大量、宝贵的时间，而且根本无益于研究生的科研能力的培养和提高。这种陋习也在很大程度上压抑研究生的怀疑精神，不利于高层次创新人才的培养。

十分遗憾的是，在中国，这类问题还未引起教育界、科技界管理高层和国家领导阶层的高度关注。而且，中国现行的科技法规也未对相关问题进行明确的法律规定。反观西方发达资本主义国家，科学技术的法规十分健全，不要说自然科学和工程技术领域，就是人文社会科学领域也是普遍存在学术批评和学术辩论的公开、透明。这保证了学术研究领域的公平、公正和自由氛围的形成，同时也保证了学术思想具有的天然的怀疑和批判精神这种特质的推行和普及。

毫无疑问，在中国上述不正常的学术氛围中，很难培养学生的怀疑思维和怀疑精神。要改变此状态，中国教育界、科学界和管理层必须付出极大的努力才行。

（三）哲学思维特点

西方科学家普遍重视哲学在科学研究中的作用，一些获得过诺贝尔科学奖的著名科学家还是公认的大哲学家。从西方的文化传统看，哲学和科学有着天然的、内在的、不可分割的联系，正因此，西方各国的理学专业博士都称为“哲学博士”（Ph.D）。英文词汇 philosophy 的词义是“the search for the knowledge, especially the nature and meaning of existence（《牛津英汉双解词典》）、the study of the nature and meaning of existence，reality，knowledge，goodness，etc.（《朗文英汉双解词典》）。由此可见，西方的文化背景对哲学的理解是与科学紧密相关的，哲学探求的是“关于存在的本质和意义的知识”。在古希腊时代，哲学研究的问题在某种意义上就是科学问题，如关于世界的本原的探讨和辩论，正因为如此，古希腊的哲学又称为“自然哲学”。

从科技史来看，科学领域一些重大学术问题的探讨和研究往往发轫于哲学理论问题的深入分析，比如对牛顿的绝对时空观的怀疑来自马赫的经验论哲学和爱因斯坦的自然规律统一性哲学（一切科学规律在所有惯性参考系均相同，此即著名的狭义相对性原理）。由此可见，哲学对西方科学家的影响是十分巨大的。虽然如此，20 世纪以来，西方的哲学家却由于科学的日益复杂，数学工具的日益难懂、深奥而逐渐远离了科学。英国著名宇宙学家、《时间简史》的作者史蒂芬·霍金对此曾经深刻地评论和讽刺道：“以寻根究底为己任的哲学家跟不上科学理论的进步。……科学变得对于哲学家，或除了少数专家以外的任何人而言，过于技术性和数学化了。哲学家将他们质疑的范围缩小到如此的程度，以至于连维特根斯坦这位20世纪最著名的哲学家都说道：‘哲学余下的任务仅是语言分析。’这是从亚里士多德到康德以来哲学的伟大传统的何等的堕落!”（史蒂芬·霍金，2004）

如果哲学家和科学家的共同语言越来越少，那么可以肯定，这种情况必然会对未来科学技术的发展和进步不利。不过在西方发达国家，由于许多科学家比较重视、关注哲学，这种不利影响一般不会太大。

与西方国家比起来，哲学对中国科学家和学生的实际影响要小得多。不仅如此，中国相当数量的学生，特别是本科生对哲学学科还存在相当大的反感和厌恶，甚至有的本科生对哲学学科抱有完全排斥的态度。显然，这对提高学生的创新能力是一个相当大的障碍。上述状况的出现，与哲学的学科设置、哲学教师的培养模式、哲学课程教学的内容及教育界管理层的主导思想均有很大的关系。

在中国，哲学历来主要被看作人文社会科学类别，哲学一级学科下的二级学科除科技哲学、逻辑学与自然科学有关系外，其他的二级学科均为人文学科。即使是逻辑学，其研究队伍实际上也分为自然科学（数学）和社会科学（哲学）两个基本上几乎无交流的独立圈子。这一点从国家科研基金的资助政策就可看出，因为国家自然科学基金委员会（数理科学部）和国家社会科学基金委员会（哲学学科）各自独立资助与逻辑学领域相关的科研课题。

与以上情况紧密相关的是，中国哲学教师的培养基本上是人文科学各学科内容的传授，自然科学的内容非常少。这些哲学专业的学生毕业后讲授的哲学必修课是教育部规定的“马克思主义哲学原理”，其内容有些与科技哲学有关，有些需要自然科学的背景知识，但由于他们所受的科学知识教育及科学方法论的训练极为欠缺，所以教学内容很难激起学生的兴趣。在实际的教学过程中，很多教师大量讲授与科学毫无关系的，在某种意义上是晦涩的、玄虚的内容或知识，导致学生尤其是理工科学生十分厌倦，以至于影响到这些学生上研究生后对科技哲学也产生了反感（按教育部规定，中国理工科各专业的硕士研究生才学习科技哲学，文科类研究生不学）。

另外，中国教育主管部门一直将“马克思主义哲学原理”课程作为思想政治理论课来看待，认为这门课程的主要目的是培养学生形成正确的世界观和人生观。从国家的需要和教育的终极目标来看，政府管理部门的这种要求是应该的也是合理的。但如过分强调哲学课的这一政治思想教育功能，那么就常常会使学生产生逆反心理，思想教育的效果反而不会好。

鉴于以上原因，我们认为中国的哲学教育应该划归入理科。目前可行的操作办法是，可以大大增加哲学专业的自然科学课程内容，争取达到总的教学时数的 50%甚至更高，具体课程可由理科院系的教师去讲授。由于中国哲学专业大多数设在综合性大学，所以进行这一调整后在师资上不存在任何难处。另外，可以将现行哲学教材中涉及思想政治教育方面的内容归并到思想品德课或其他人文类别的课程之中，以突显哲学和科学的天然联系，从而提高学生的学习兴趣，最终实现增强学生的科研创新能力的目标。

诺贝尔科学奖获得者创新思维的十大特点，并不是他们独有的思维，其他科学家在研究过程中也经常会使用这些思维方法。不过由于诺贝尔科学奖在世界各国的影响非常巨大，所以将诺贝尔科学奖获奖者的创新思维专门总结出来，自然会引起学生和其他研究者的高度关注和学习，从这一角度上说，这种总结和分析是有很高的借鉴价值和意义的。

第二次世界大战结束以来，科学技术的发展突飞猛进，科研成果可以说是日新月异，但世界各国科学家、工程师所使用的创新思维并没有增加多少（当然，具体的、专业的实验与研究手段、方法、技巧等增加了很多）。这说明创新思维方法（尤其是逻辑思维方法）本身具有相对的稳定性。由此可见，对于学生来说，创新思维的教育意义和借鉴价值均很大。中国教育界历来重视知识的传授而忽略创新思维和科学方法论的训练，因此更有必要对诺贝尔科学奖获得者创新思维的特点进行分析、总结、讲授和传播。

综上所述，中国教育界应该尽快改变过去只注重知识传授的传统教育观念，而且必须认识到创新型人才培养的关键在于创新思维的训练。要实现这一点，各级学校特别是高等学校的教师自身首先要提高科学素质和研究能力，在教学内容、教学方法上进行相应的调整和改进。而从国家层面看，中国教育主管部门应该高度重视各类教材的编写工作，突出创新思维和科学方法论的内容，以满足学生和教师对高水平教材的急迫的需要。

第四节　社会因素对科研创新的影响[①]

从科技与社会的综合、系统的角度看，百余年来的诺贝尔科学奖及其成果

①本节内容根据作者已发表的论文《百余年诺贝尔物理学奖及其成果的 STS 视角探析》改写而成（《华中科技大学学报》，社科版，2008 年第 6 期）。

在诺贝尔奖评选规则、课题申报、成果评价、科学道德、政府干预、科研竞争、成果转化、人才管理、就业因素、获奖者分布规律等诸多环节和层面均表现出独特的与社会各因素的相互作用和相互影响，它们对科研人员的科学研究活动产生了非常大的影响，在一些情况下，这种影响是十分具体和深刻的，其具体内容和案例极具启发性，对优化科技创新、提高创新水平、加快创新速度具有重要的参考价值和借鉴作用。显然，这些内在规律对具体的科学活动和科研管理工作也均有较高的参考价值。

通过对百余年来诺贝尔科学奖成果的考察，我们发现诸多能体现社会因素影响、作用于科技创新的典型案例和特殊事件，且其内容可以说是丰富多彩的，这无疑会深化人们对相关规律的认识，同时也有助于完善 STS（科学技术与社会）理论。具体表现在以下诸多方面。

一、诺贝尔奖评选规则

诺贝尔奖的评选规则是根据诺贝尔的遗嘱制定的，它包括各学科每年获奖者最多 3 人、过世的科学家不能评奖、不能自荐参评等。不可否认，诺贝尔科学奖的设立对促进科学的发展起到了相当大的作用。但也应看到，评选规则对科学亦有一定的负面作用。

诺贝尔科学奖评选规则规定各学科获奖者每年最多 3 人，这使得对同一课题做出贡献的第四位以后的科学家被排除在获奖者名单之外。其负面作用在于，科学家为了获奖及保证自己排在三名之内，会大大减少和同行的交流与合作。另外，那些做出贡献但无法获奖的科学家在心理上会产生强烈的失落感。显然这不利于科学的进步①。

1996 年的诺贝尔物理学奖授予了三位美国物理学家，即戴维·李、奥谢罗夫和里查孙，他们的贡献是发现了氦-3 的超流动性。但在研究这一课题的科学家中，物理学家勒格特和劳纳斯玛也分别在理论和实验上做出了贡献。但遗憾的是，由于诺贝尔物理学奖名额的限制，他们俩无缘获奖。

再如 1957 年杨振宁和李政道获奖的重大理论成果：弱相互作用下宇称不守恒的研究，这一理论推断是由著名美籍华裔女物理学家吴健雄在美国海军布鲁克海文实验室用钴 60 的 β 衰变实验验证的。由于杨振宁也请求美国另外一

①诺贝尔科学奖评审委员会根据诺贝尔的遗嘱规定，每个学科最多选择三个获奖者。原因是保证每个获奖者的奖金不至于过低。

位物理学家莱德曼利用回旋加速器进行了验证，所以吴健雄和莱德曼的实验报告几乎同时发表在 1957 年的《物理评论》杂志上。这样就有四位科学家对此成果做出了重要贡献。而按照诺贝尔科学奖评奖规则，最多只能有三个人获奖。显然，瑞典的诺贝尔评奖委员会无论在吴健雄或莱德曼之间做出舍弃谁的决定，都会造成明显的不公平并引起科学界的强烈不满。最后无奈的诺贝尔科学奖评奖委员会只能将该年物理学奖授予了做出理论贡献的杨振宁和李政道两个人。显然，这对于吴健雄或莱德曼来说，都是终身憾事。

为了解决上述问题，我们建议国际科学界（如国际科学家联合会）或企业界应该设立另外的科学奖励基金，以便对做出重要贡献但排名不在前三位的科学家进行奖励（可以将其称为“后诺贝尔科学奖”）。这样才能够尽量避免科学家之间为了竞争获得崇高的诺贝尔科学奖而减少交流和合作的不好倾向。

二、科研课题申报

评审专家看不出申报的研究课题的意义与价值，使申请人无法获得国家基金的资助，后来该课题的成果却获得诺贝尔奖。这促使 NSF 改革并完善其评审办法。

20 世纪 50 年代之后，科学进入了所谓的“大科学”时代，其突出表现就是各国政府对科学研究进行大力资助成为普遍的科学技术政策。在这种模式下，由于科研人员申报的各类研究课题必须经过同行专家严格的评审并通过后才能获得资金，所以评审专家对科研课题的科学意义、应用价值等的评判意见就显得十分重要。在历史上，有的获诺贝尔物理学奖的成果当初研究者申报时，却因为评审专家看不出该科研课题的重要意义与研究价值而遭到了否决。

1952 年，美国物理学家唐纳德·格拉泽向 NSF 申请 2500 美元开展高能粒子的探测设备——“泡室”的研制工作。当时已有的粒子探测设备主要是云室和核乳胶技术，这两种设备分别由英国物理学家威尔逊和鲍威尔发明，且两人分别获得 1927 年和 1950 年的诺贝尔物理学奖。

遗憾的是，NSF 的评审专家却仅仅以技术设想和方案不成熟为由，否定了格拉泽的课题申请。无奈的格拉泽只得自己想办法筹集资金进行实验，最终于 1952 年研制成功。泡室观测粒子的效率是云室的 1000 倍，在高能物理实验中发挥了十分重要的作用。格拉泽因此获得 1960 年的诺贝尔物理学奖。

上述案例充分说明，由于评审专家在专业才能、评判眼光等方面的局限，有些极具科学价值和意义的科研课题申请可能会被否决掉。为了避免类似的事情发生，同时鼓励科学家提出创新的科学研究课题，NSF后来实行了以下措施：第一阶段设立每项课题3万美元的竞争性奖励资助，以支持各类具有高创新度的课题；第二阶段对那些已经取得了高水平研究成果的课题再进一步追加资助。这样就能保证有创意的科研课题得到第一阶段的少量资金资助，一旦取得重大进展，则会获得第二阶段更多的资金资助，最终完成研究并取得预期的科研成果。当然，那些在第一阶段未获高水平成果的课题将无法得到第二阶段的资助。

三、科研成果评价

学术界权威专家的否定，使本应能获奖的研究者丧失获奖的机会或使有的成果获奖时间大大推迟。时至今日，科学界仍然未找到合适的办法解决类似的问题。

现代科技成果的专业性极强，因此对其水平、价值、意义等的评价只能依靠同行专家来进行。由于学术权威具有很高的社会地位和学术影响力，所以他们的评价意见无疑对成果的“命运”有着决定性的影响。这种影响有正面和负面两个方面。正面影响自然会促进科学的发展，但负面影响却对科学发展极为不利。

世界科学界至今仍无有效措施避免学术权威的上述负面作用。不过笔者认为，互联网的广泛使用和普及为解决这一问题提供了一条行之有效的途径。那些被学术权威否决或被学术期刊拒绝刊登的论文，可以在互联网上的“学术论坛”上发表，然后接受国际同行的评价。从法律层面看，作者的著作权是有保障的，关键是国际科学界必须达成共识，承认以这种方式发表的论文与在学术刊物上传统论文具备同等的地位。目前，国际共同体还未形成这种做法，而诺贝尔评奖委员会也未制定互联网上的论文可以参加评奖的规定。鉴于此，国际科学界应正视这一问题，以促进科学的发展。

四、科学道德修养

历史上获得过诺贝尔奖但科学道德低下的科学家的存在，促使科学界重视职业道德问题，并形成国际科学界公认的科学道德规范。同时，在科研活动的各个环节制定出一系列规定，以尽可能减少违反科学道德的事件发生。

虽然大多数高层次科学家的修养都较高，但在历史上和现实生活中，仍不乏道德素养低下的研究人员，其中也包括个别获得过诺贝尔物理学奖的科学家。

1905 年，德国物理学家勒纳因研究阴极射线方面的杰出成就而获得诺贝尔物理学奖。他的成果为后来爱因斯坦提出光量子提供了实验基础，正因此，爱因斯坦称赞勒纳的研究是开创性的。

勒纳虽然是个高水平的科学家，但其人品、道德方面却十分低下，他常常夸大、拔高自己，而贬低别人。1916 年，密立根通过实验验证了爱因斯坦的光电方程，勒纳对科学界使用“爱因斯坦光电方程”这一提法大为愤怒，认为关键的实验是他做的。由于嫉恨爱因斯坦，勒纳于是公开反对相对论，污蔑爱因斯坦的理论是“教条的犹太物理学”。后来，勒纳竟加入纳粹的“国社党”，成为一个疯狂的排犹主义者。

美国科学社会学家罗伯特·默顿曾提出科学共同体应遵守的道德规范准则：普遍性、公有性、无偏见性和有条理的怀疑精神。目前，中国学术界违反科学道德的行为出现增多的势头，因此很有必要强化科学道德的教育并采取有效措施严格约束、制裁学者的违规行为。

发达国家科学界在科研领域的诸多环节有许多行之有效的具体办法，从而大大减少了违规行为。例如，在论文评审、发表环节，著名的《科学》杂志明确要求评审专家对所评审的论文保密，并在 14 天内向编辑部反馈评审意见。对有些科学界高度关注且竞争激烈的领域里的论文，则要求评审专家 48 小时内给出评价意见。对于读者对已发表在《科学》上的论文的质疑、批评，编辑部要求论文作者必须做出正式的答复。对准备发表的论文，《科学》要求作者签署未违反著作权法的声明。对于增加作者或改动作者次序的请求，编辑部则要求请求者提供由全体作者签名的书面材料，否则不予办理。

五、政府干预

政府对科研选题等具体问题进行强制性干预，但后来研究成果导致了重大发明并获得诺贝尔物理学奖。这表明“大科学”时代政治因素对科学的影响有时很具体。对此，科学家不应采取排斥、拒绝的态度，因为这种影响也会带来积极作用。同时，政治家应该十分慎重，因为政治因素对科学发展带来负面效应的例子在各个历史时期都存在过。

“大科学”时代的显著特征之一是各国政府对科学技术的干预越来越强，

这种干预除宏观层面的政策与法律之外，有时还包括微观层面的具体科学研究活动，如具体的科研课题、科研方向等。虽然后一种情况常常发生在战争等特殊历史时期，但其对科学技术的影响不容忽视。

20 世纪 50 年代以来，航天技术发展迅猛，并且在军用和民用工业领域具有重要应用前景，所以世界各大国都高度关注，政府在科技政策方面也做了重大调整，美国当时对航天科技领域进行了大量的经费资助，导致科技界的科研选题发生相应的调整，其历史过程如下：自 1957 年苏联成功发射人类第一颗人造地球卫星后，空间技术就引起各大国的广泛关注。“冷战”时期，美苏两国为了争霸，竞相研制各种军用卫星及相应的运载工具。1961 年 4 月 12 日，苏联首次发射世界上第一艘载人宇宙飞船“东方 1 号”，宇航员加加林在太空共飞行 108 分钟，行程达 4 万公里。为了迎接苏联的挑战，美国于同年制订了著名的“阿波罗”登月计划，共耗资 250 亿美元。1969 年 7 月 21 日，美国三名宇航员驾驶“阿波罗”11 号成功登上月球，停留 2 小时 21 分钟并带回 23 公斤月球岩石标本。

空间技术研发的早期主要是为军事和政治服务，并无商业目的。但随着对太空探索的加深，人们认识到空间具有地面不可比拟的各种条件和资源，如微重力、超洁净、高真空、超低温、强辐射等，将会成为无与伦比的空间产业基地，比如制造特殊材料与合金（太空中无重力，故提炼合金时无须容器，这样就不会有任何杂质混入）、加工特殊零部件、培育生物蛋白质分子、制药、医疗及太空旅游等。国外有些科学家还在设想建造太空城市，以及开发月球及火星等。上述空间产业有的刚刚起步，有的还只处于实验阶段，预计到 2030 年后，将会形成具有较大规模的产业链。而与空间产业相关的各种卫星工业，特别是通信卫星、遥感卫星、GPS 及资源卫星等，早已从 20 世纪 70 年代就形成了商业市场，受到各国的高度重视。目前，一些中小国家和地区都在积极研制卫星及火箭，以期形成新的工业生长点，带动国民经济增长（当然也有军事方面的考虑）。由此可见，政府干预对科学技术发展的方向和重点有着非常重大的影响。

政治因素对科研的干预存在一个规律，即“禁止式”或“批判式”的政治干预往往阻碍科技的发展，而“强制式”或“鼓励式”的政治干预往往对科技发展有正面推动作用。

六、科研竞争

历史上，一些获得诺贝尔科学奖的科研成果几乎同时发表或公布，这说明科学家之间存在着激烈的竞争，这种竞争当然有促进科技发展的一面，但同时也有不利的一面。

第二次世界大战结束后，科学家队伍迅速扩大。美国科学社会学家普赖斯于 1949 年指出，近代以来科学家人数、科研成果数、科研经费等科学计量指标存在指数增长规律。这说明同一专业的科学家人数迅速增加，从而导致竞争的加剧。不可否认，科研领域里竞争的存在有助于推动科学技术的发展。但同时，获奖、业绩考核的需要及学术地位的考虑，科学家必然会对同行有一定的保密。显然这不利于科学的发展。

激光技术的发明是一个典型。1924~1960 年，共有 14 位科学家对这一技术做出了贡献。后来，汤斯、巴索夫和普罗霍洛夫三人共同获得 1964 年诺贝尔物理学奖。

1951 年春，汤斯在参加华盛顿的一个毫米波会议期间，于公园中产生了灵感：利用氨分子实现“粒子数反转”和光放大的构想，即如果用分子，而不是用电子线路，不就可以得到波长足够短的无线电波吗？因为分子具有各种不同的振动形式，有些分子的振动正好和微波波段范围的辐射相同，但问题是如何将这些振动转变为辐射。就氨分子来说，在适当的条件下，它每秒振动 20×10^{10} 次，因此有可能发射波长为 1.25 厘米的微波辐射。汤斯设想通过热或电的方法，把能量泵入氨分子中，使它们处于激发状态。然后，再设想使这些受激的分子处于与氨分子的固有频率相同的微波束中，这个微波束的能量可以是很微弱的。一个单独的氨分子就会受到这一微波束的作用，以同样波长的微波形式放出它的能量，这一能量继而作用于另一个氨分子，使它也放出能量。这个很微弱的入射微波束相当于对雪崩的促发作用，最后就会产生一个很强的微波束，而最初用来激发分子的能量就全部转变为一种特殊的辐射。汤斯在公园的长凳上思考了所有这一切，但考虑到科研竞争，汤斯在华盛顿的会议上未向任何人透露此想法，甚至连他的内弟——和他同住一屋参加该会议的肖洛也未告诉。

1953 年 12 月，汤斯和他的学生终于制成了按上述原理工作的一个装置，产生了所需要的微波束。这个过程被称为“受激辐射微波放大”。其英文的首字母缩写为 MASER。直到 1957 年，作为贝尔实验室顾问的汤斯再次遇到已在该实验室担任研究员的肖洛时，才决定和他合作（肖洛关于用“法布里-珀罗干涉仪”作谐振腔的意见极具创新性）。注意，此时汤斯已经研制成功了微波激射器，他的学术地位已很稳固，不怕竞争了。可以设想，如果汤斯 1951 年就和肖洛合作，激光技术肯定会提前研制成功。毫无疑问，汤斯对同行的保密心态延迟了激光技术的发明。

七、成果转化

有些国家的科学家最先取得了重要技术成果并获得诺贝尔科学奖，商业化却落后于别国。这说明科技成果的转化涉及的因素众多，也表明科技与社会之间存在复杂的相互关系。

2000 年，苏联物理学家阿尔费罗夫和美国物理学家克勒默因在双异质结室温连续半导体激光器方面的突出贡献而获得诺贝尔物理学奖。

异质结半导体激光器起源于异质结半导体晶体管的研究。科学界预计这种晶体管具有优异的性能，因此自然想到研制异质结半导体激光器，特别是双异质结半导体激光器。20 世纪 50 年代，各国科学家在这一领域的竞争达到了白热化的程度。为抢占市场先机，日本两位研究者于 1957 年在技术方案不成熟的情况下匆忙申请了专利。

1963 年，苏联约飞物理技术研究所的阿尔费罗夫、卡扎里诺夫和美国的克勒默各自独立地提出了双异质结室温连续半导体激光器的技术原理。苏联科学家于 1970 年 5 月研制成功，要比美国贝尔实验室的科学家早一个月。阿尔费罗夫、卡扎里诺夫的成就得到国际科学界的广泛赞誉。令人遗憾的是，在随后的商业化阶段，苏联却无所作为，导致其在光纤通信技术领域大大落后于美国。

上述案例充分说明，科研成果要转化为现实生产力，必须在科技与经济政策、制造技术等诸多环节采取有效措施。否则，尽管有一流技术创新，却仍然无法使其成为推动工业、军事技术进步的现实力量。这一点对中国尤其具有启发意义。

八、人才管理

优秀人才是能否取得重大科技成就和获得诺贝尔科学奖的关键，因此人才管理问题十分重要。百余年来，获得诺贝尔科学奖的科学家绝大多数是“高产学者”。考察他们的生平可以发现，科学家在获奖后，一般继续从事科研活动，很少有人担任行政负责人的职务。

人才管理的根本原则是人尽其才：科学家能够按自己的专业和兴趣，在优越的条件下从事研究。在西方各国，一个获得诺贝尔科学奖的科学家，只要在职，仍然需要进行科研工作。从管理角度看，这是制度的要求。更重要的是，按西方惯例，科研机构很少任命杰出科学家担任行政负责人。道理很简单，一流科学家担任行政官员，明显是“人才错用”，是不符合国家利益的。

在历史上，一些重大科研项目的最高行政负责人往往是外行。例如，第二次世界大战时期美国开发原子弹技术的最高行政负责人是格罗夫斯将军，中国“两弹一星”项目的最高行政负责人是聂荣臻元帅。在高层次人才的管理上，当年聂荣臻元帅专门指示：对那些成就突出的专家，尽量不安排行政职务，以保证他们全身心地投入科研工作。从管理学角度看，聂荣臻元帅的观点是科学、合理的。

时至今日，西方发达国家高技术公司的高层主管中仍然不乏非理工科背景的管理者，如著名的惠普公司，1999 年任命的新总裁兼首席执行官卡莉·菲奥里纳（C.Fiorina）女士毕业于斯坦福大学，专业是中世纪历史和哲学。菲奥里纳之前还曾经在 AT&T 和朗讯等高科技公司担任过高层主管，这充分说明了其中的管理学方面的规律性。

目前，中国在人才管理上常常违反上述规律，一些刚做出突出成就的科学家就很快被安排到行政负责岗位，使其无法继续从事科研工作。显然，这对科技发展和国家利益均是不利的。决策层应该认识到，不能为了政治考虑或为了某些短期政策效应而采取上述不科学的做法。

九、科研国际化

国际化已经成为当今科技领域的普遍模式，无论“大科学”还是“小科学”均如此。在获得诺贝尔科学奖的成果中，有些就是以独特的国际合作方式取得的。

苏联科学家卡皮察因低温物理学方面的开创性研究而获 1978 年诺贝尔物理学奖。1921 年卡皮察经著名物理学家约飞推荐，到英国卡文迪什实验室做访问学者，从事低温物理学的研究。卡文迪什实验室主任卢瑟福对卡皮察的才干十分欣赏，任命他为磁学研究室的主任，还推荐他成为英国皇家学会的第一个外籍会员。1934 年夏，卡皮察应召回国并担任苏联科学院物理研究所主任。卢瑟福初期担心卡皮察会遭苏联当局打压，当得知真实情况后，卢瑟福遂不顾别人反对将卡文迪什实验室的全套低温实验设备邮运给卡皮察（苏联政府后汇给卡文迪什实验室一笔补偿金）。1937 年，卡皮察利用这套低温设备发现了液氦的超流动性，使他 1978 年获诺贝尔物理学奖。

上述案例是科研国际化的一个独特例子。目前，科学家之间的国际合作已十分普遍。因此，科学家应善于利用国际合作来实现自己的科研目标。在这方面，中国科学家有深刻的教训。1978 年，中国科学院王育竹根据肖洛和汤斯 1975 年的论文《激光冷却气体原子》，提出了三种原创性的实验方法，且时间要比美籍华裔科学家朱棣文、法国科学家塔努基和美国科学家菲利普斯早 5~10 年。

1997 年，朱棣文等三人因激光冷却和捕获原子技术的发明而获诺贝尔物理学奖。十分遗憾的是，1978 年王育竹未将有关结论在国际刊物发表，也未和国际同行合作；同时，由于条件所限，他的实验被分成十多次进行，最终王育竹论文发表的时间比国外同行晚 10 多个月。王育竹痛失 1997 年诺贝尔物理学奖。

十、就业因素

个别获得诺贝尔科学奖的优秀科学家，在求学阶段为了就业考虑而打算放弃理论物理专业。这说明就业因素会对年轻学生产生很大影响。如果政策和措施不得力，基础研究领域将难以吸引一流的毕业生。

1987 年，瑞士科学家缪勒和他的博士生德国科学家柏诺兹因从理论上解释了陶瓷材料的超导电性而获得诺贝尔物理学奖。

缪勒 1945 年进入苏黎世联邦工业大学就读前，恰值美国第一颗原子弹爆炸成功，这吸引缪勒和许多同学选读了理论物理。但后来了解到往届物理专业毕业生就业十分困难后，缪勒也像其他同学那样打算改学电机工程。最后在著名科学家泡利的劝说下，缪勒才坚持了下来。为避免毕业就失业，缪勒故意读了 8 年博士研究生。

可见，国家必须制定有效的政策和措施，才能吸引一流的毕业生从事理论研究工作。例如，可以考虑在研究机构、重点大学的科研教学岗位设立实习研究员制度，人数可依据单位在 5~8 年内需退休的研究人员数为标准。实习研究员的薪酬和社会保险等由中央财政和地方财政按比例出资，一旦有正式研究员退休，则实习研究员就可以马上接上，同时空余出的实习研究员职位又可以招录新的毕业生入职。这种制度对于吸引优秀毕业生从事科学研究工作，同时缓解毕业生的就业压力应该很有效。另外，在科研奖励方面，不能只集中在年龄大、资历高的科学家身上，我们建议设立国家青年最高科学技术奖（每年2人），奖金也是500万元人民币，以奖励那些有一定高水平成果的、40岁以下的科学家。这一措施将有助于激励、吸引优秀的年轻人才从事基础理论研究。

十一、获奖者分布规律

通过对百余年来诺贝尔科学奖（物理、化学、医学或生理学）获奖者国籍的统计分析，可以发现第二次世界大战后美国的获奖人数远远超过英国、法国、德国三国，表明科技的发展受社会因素的影响巨大。

不同时期英国、法国、德国三国和美国获得诺贝尔科学奖人数的具体统计结果如下。

1901~1925年：英、法、德有46人，美国有3人。

1926~1950年：英、法、德有38人，美国有26人。

1951~1975年：英、法、德有42人，美国有69人。

1976~2013年：英、法、德有47人，美国有171人。

第二次世界大战以来，美国的获奖人数远远超过英、法、德三国，是与美国得天独厚的社会条件分不开的。

（1）美国本土未受到两次世界大战的攻击，社会的安全、稳定程度比战火蔓延的欧洲高得多，成为科技发展的重要社会条件，也是吸引各国优秀科学家移民美国的主要原因。

（2）第二次世界大战之后，美国经济继续高速发展，成为推动科技进步的强大力量。

（3）第二次世界大战后，许多尖端技术，如电子计算机、遥感技术、原子能技术、晶体管技术等在民用领域得到推广，大大促进了这些技术的改进和提高。

（4）作为移民国家，美国比欧洲更强调个人奋斗、人格平等、创新务实等有利于科技发展的文化氛围。

（5）美国高校注重对学生能力的培养，而不是知识的灌输，使美国学生创新意识和竞争意识较强，从而有助于他们做出创造性的成果。

从历史的细节观察，美国在科学技术政策和管理方面不断调整和完善，为其成为科技强国奠定了坚实的基础。

1787 年通过的美国《宪法》为科学技术在美国的发展提供了法律保障。虽然美国政府在此阶段未直接设立科研机构，但却在立法等许多方面鼓励科学技术的研究活动。例如，1790 年颁布了《专利法》；1862 年国会通过了著名的《莫利法案》，该法案将联邦政府的大片土地赠送给各州，以便各州成立农业、科学和工业学院，故又称《赠地法案》。

1865 年，南北战争结束后，美国经济迅速发展，客观上对科学技术产生了巨大需求。这一时期，美国的私人企业纷纷设立工业实验室，从事与自己产品制造相关的应用和开发研究。至第一次世界大战前，美国工业界已有 365 个规模较大的企业实验室，其中的科学家和工程师达上万名（朱斌等，1999）。

第一次世界大战之后，第二次世界大战之前，美国私人企业的技术研发工作得到了更快发展。在经济大萧条之前，美国的工业实验室已增加到 1600 个，科学家和工程师人数为 3.5 万人。1929 年爆发的世界性经济危机，使美国工业企业受到严重打击，企业科研工作也受到很大削弱。但 1934 年经济复苏后，工业企业的科研迅速恢复并加速发展。至第二次世界大战前，美国企业已有 3400 家工业实验室（朱斌等，1999）。由于美国是实行自由竞争的市场经济国家，且宪法规定各级政府不能经商办实业，所以美国的工业企业均为私人经营（包括生产武器装备的企业，除生产核原料和核武器的工厂外）。

在美国工业企业的科研自行发展的同时，美国政府为了支持新兴工业的发展，第二次世界大战前就设立了若干家政府科研机构从事应用基础研究和定向任务研究。依历史次序，这些研究机构包括海军卫生实验室（1887 年成立，即现今著名的国家卫生研究所的前身）、公路研究实验室（1900 年成立）、国家标准局（1901 年成立，即现今的国家标准和技术研究所之前身）、美国农业推广服务局（1914 年成立）、国家航空咨询委员会（1915 年成立，即 NASA 的前身）。

由于美国各界对科技的重视，许多对当代生活产生巨大影响的民用技术都诞生于美国，如电话（1876 年）、电灯（1880 年）、飞机（1906 年）、复印机（1942 年）、晶体管（1950 年）等。

第二次世界大战时期，特别是第二次世界大战之后，美国企业界充分利用第三次技术革命的成果，形成了一大批新兴技术产业群，如电子计算机工业、半导体工业、核能工业、无线通信工业等，从而大大提升了自身的技术水平。20 世纪 60 年代后，特别是 80 年代后，第三次技术革命进一步深入发展，导致以微电子技术、卫星与光纤通信技术、航天技术、光电子技术、激光技术、生物工程技术、新材料技术、机器人技术、智能控制技术等为标志的新技术革命的产生（也称第四次技术革命），这些技术成果很快在美国工业界得到应用，使美国民用技术水平又上了一个新台阶。在强大的科技实力推动下，美国民用企业中产生了一批世界级的巨型公司，如 IBM、通用电器、AT&T、英特尔、联合技术公司等。

美国民用技术除主要由民间企业研发外，美国的大学也对民用技术的发展做出了很大贡献。美国共有 3000 余所大学，其中 1/10 有研究生院，这中间的 94 所科研实力很强，被卡内基高等教育委员会称为所谓的“研究型”大学。第二次世界大战之后，为了适应科技发展的需要，美国 2/3 以上的“研究型”大学设立了专门的研究机构和从事跨学科研究的研究中心。在研究项目上，美国大学除从事基础研究外，也从事应用研究和开发研究（特别是 20 世纪 30 年代后，美国大学的这类研究逐渐增多（曹伟等，1998）。

美国工业界中的大型企业为了充分利用大学的科研成果，并加速成果的商品化过程，便与美国的一些著名大学合作进行科技开发。其方式多种多样，如由 NSF 支持的产业–大学合作研究项目计划（项目由大学与企业共同提出，或由一方提出而由双方共同承担）、由 NSF 提供前期资助的产–学合作研究中心（针对某一行业带有普遍性的问题进行探索）及其他单独项目的双边合作协议等。

20 世纪 80 年代以来，西欧和日本的科技实力迅速提高，甚至在一些关键技术领域超过美国，使美国一些工业受到严重挑战和打击，如微电子产业、家用电器产业、数控机床产业、汽车产业、钢铁产业等。为了提高美国企业的竞争力，美国政府除在立法上允许政府科研机构向美私人企业出售专利权或专有技术外（有些技术涉及军用技术），还于 20 世纪 80 年代中期开始在大学设立国家工程研究中心、国家超级计算机中心和国家科学技术中心，以促进政府科研机构与大学及产业界的合作，加快成果向企业的转移，最终提升美国企业的科技实力。

美国的国家实验室共有 700 多家，大多数由政府主管部门，如国防部、商务部、能源部、卫生部等直接管理，这些实验室的主要任务是从事国家需要的科研工作。在这 700 多家国家实验室中，有 40 多家涉及军用技术研发的重要实验室是以合同方式委托给大学、私营企业和非营利性研究机构管理的，但资金和科研项目由政府部门决定。委托给大学的国家实验室，如洛斯·阿拉莫斯国家实验室（加利福尼亚大学）、应用物理实验室（约翰·霍普金斯大学）、喷气推进实验室（加州理工学院）、林肯实验室（麻省理工学院）、布鲁克黑文国家实验室（大学联合公司）。委托给私营企业的国家实验室，如贝蒂斯原子能实验室（西屋电气公司）、艾奥瓦国家工程与环境国家实验室（航空喷气公司）、蒙德实验室（孟山都研究公司）等。委托给非营利性研究机构的国家实验室，如太平洋西北国家实验室（巴特尔纪念研究所）、太阳能研究所（中西部研究所）等。

早在第二次世界大战期间，美国大学就参与了军方的一些重要军用技术的研究与开发，如第一台电子计算机“埃尼阿克”（Electronic Number Integrate Automatic Computer，ENIAC）的设计、研制原子弹的“曼哈顿”计划、火炮自动控制系统的开发等。事实上，人类第一个核反应试验堆就是由物理学家费米主持在芝加哥大学足球场上建成并进行试验的。ENIAC 则是由美国陆军部与莫尔学院于1944年签订委托合同后才开始设计制造并于1946年2月完成的。

第二次世界大战以后，美国大学虽然较少参与军事武器的开发研究，却承担了美国军事技术研发中的多数基础研究工作。据 NSF 的统计，国防部基础研究经费的 57%由美国大学获得，而政府实验室（包括政府资助的研发中心）和工业界各得 31%和 9%。但开发研究的比例却正好倒过来，美国大学只得 10%，工业界和政府实验室各得 47%和 42%（1989 年数据）（约翰·阿利克等，1999）。

现代科学研究活动已不是 18 世纪科学家和工程师个人单兵作战的“小科学”时代，而是部门、机构和国家层面合作的“大科学”时代，其涉及的人、财、物等资源的规模越来越大，牵涉的政治、法律、经济、军事层面的问题越来越多，因此科研活动越来越复杂，必然要求采取相应的管理方法进行统筹兼顾，同时更加重要的是，要具备科学、合理、高效的管理体制，否则将事倍功半，甚至无法实现制定的科技目标。

第二次世界大战之后，苏联和美国分别采取了高度计划的科技管理体制和市场化的科技管理体制。历史已经表明，美国的科技管理体制更具优势，更能满足社会的多种需求，更具活力。相反，苏联的科技管理体制却比较僵化，并最终导致其在许多尖端技术领域大大落后与美国和日本。

苏联科技管理体制最大的弊端是条块分割，导致科技和经济等部门各自为政，缺乏系统管理思想。同时，由于没有竞争机制，科研机构的积极性普遍不高，从而影响了科研活动的效率。尽管苏联的军事工业和科学技术也取得了辉煌的成就，但由于科技管理体制的不合理，其在与美国的竞争中一直处于下风。

科技管理体制的选择必须综合考虑科技、经济、政治、教育等诸多因素，必须能够使科技发展所需要的内部和外部条件达到最优化，否则科技的发展必然受到影响。仅以政治因素为例，苏联时期不断的政治运动打击了大批优秀科技人员，其中包括享有极高国际声誉的物理学家朗道（1962 年诺贝尔物理学奖获得者），他仅仅因为恃才傲物发表不同观点，即被判 10 年徒刑。幸亏由于国内外著名科学家的请求，在斯大林的干预下朗道服刑一年多后被释放，但这一事件对科技人员心理造成的影响是十分巨大和长远的。

科技的进步离不开经济的推动，经济一方面为科技提供基础，另一方面又为科学研究提供研究的课题，从而又促进科技的发展。因此，科技和经济必须紧密结合才能够更快、更好地发展。但苏联的科技和经济却是“两张皮”，相互之间独立性很大，这不仅使得科技成果无法迅速应用于经济领域，而且科研项目往往和经济的需要不吻合，从而浪费了宝贵的科技资源。

从美国发展的历程看，我们可以断言，只要中国能够保持社会的稳定和长治久安，同时经济持续健康、快速发展，并且大力弘扬实事求是、崇尚科学、勇于创新的理念，那么中国的科技在将来一定会赶上、超越发达国家。

参考文献

艾素珍. 1999. 新中国科学技术重大成就. 中国科技史料，20（4）：358-372

爱因斯坦，英费尔德. 1962. 物理学的进化. 周肇威译. 上海：上海科学技术出版社：66

曹伟. 1996. 论 CT 技术的方法论意义. 自然辩证法研究，112（2）：45-47

曹伟，朱建业，王树恩. 1998. 美国大学参与技术创新的历史过程及其启示. 科技导报，(1)：49-51

陈士俊，季子林，王树恩，等. 1994. 科学技术论与方法论纲要. 天津：天津大学出版社：26

陈宜瑜. 2005. 明确国家科学基金战略定位—大力提高中国科技自主创新能力.科技导报，26（6）：1

冯・劳厄. 1978. 物理学史. 戴念祖，范岱年译. 北京：商务印书馆：11

郭贵春，王航赞. 2003. 达米特的语境真理论. 学术论坛，156（1）：20-25

黑格尔. 1983. 精神现象学. 上卷. 北京：商务印书馆：7

胡鞍钢. 2004. 如何认识中国的技术追赶效应. 科学中国人，10（6）：34-38

朗道 П Д，栗弗席兹 E M. 2008. 量子力学（非相对论理论）. 第六版. 严肃译. 北京：高等教育出版社：45

李正卫，吴晓波. 2002. 中国R & D 投入比例偏低的成因探析. 科学学研究，20（4）：387-392

林德宏，肖玲. 1995. 科学认识思想史. 南京：江苏教育出版社，177

路甬祥. 2000. 规律与启示——从诺贝尔自然科学奖与 20 世纪重大科学成就看科技原始创新的规律. 西安交通大学学报（社会科学版），20（4）：3-11

迈克尔・格林. 2000. 美日联盟：过去、现在与将来. 北京：新华出版社：282

美国国家科学技术委员会. 1999. 技术与国家利益. 李正风译. 北京：科学技术文献出版社：71

山崎正胜. 2002. 日本科学技术政策的特征. 科学学研究，20（4）：67-70

史蒂芬・霍金. 2004. 时间简史——从大爆炸到黑洞，长沙：湖南科技出版社：108，166，171，172

心远. 1994. 在碰撞中产生能量——杨振宁教授答问录. 科技导报，6（7）：19-22

徐冠华. 2005. 把推动科技自主创新 摆在全部科技工作的突出位置. 中国科技产业，19（9）：6-8

薛凤家. 2003. 诺贝尔物理学奖百年回顾. 北京：国防工业出版社：5

娅娅. 2000. 中国实力说（上）. 哈尔滨：黑龙江人民出版社：125

约翰・阿利克，等. 1999. 美国 21 世纪科技政策. 北京：国防工业出版社：132，133，156，259

郑积源. 1986. 科学技术简史. 上海：上海人民出版社：469

朱斌，靳晓明，董建龙，等. 1999. 美国科学与技术. 北京：专利文献出版社：4，5，250

Barondess J A. 2002. Scientific discovery and the Nobel prizes. The Lancet，360：577，578

Dreizen P. 2004. The Nobel prize for MRI：a wonderful discovery and a sad controversy. The Lancet，363：78-85